catch

catch your eyes ; catch your heart ; catch your mind······

食之真味

À la recherche des saveurs vives

13年自學烘焙追尋錄×50款純天然無添加的手作食譜

黃惠玲

Contents
目錄

我見證了這本書的誕生

昨晚把惠玲的《食之真味》校樣又看了一次。一面看，一面漸漸領悟過來：我居然是眼看著這本書成形的！

「看著這本書成形」，指的不光是這兩年來，惠玲慢慢整理自己的文稿與攝影，聚集成書，而是在過去的十三年裡，我看著她從只會燒開水，一點一點開始學和麵、發麵，學習觀察不同天氣裡的發酵程度，學習辨認烤箱溫度與烘焙時間長短，學習處理作料的手法，學習拿捏炒炸燉煮的火候。由於對純正滋味的食物材料感興趣，她到處訪問生產小農；為了預備說不定哪一年到法國鄉間尋覓烘焙古方，現在先學習法語，每週末從南投北上師大法語中心上課；甚至為了製作合適的烘焙工具，開始學習竹編與拉陶。

惠玲這本書，對嘗試烘焙下廚的讀者來說，每一篇都是一次成功的試驗記錄，對惠玲自己而言，則是一個人在廚房與田野裡，對往事的追憶、對旅程與探索的嚮往，貫穿十三年，無分溽暑寒冬。身為惠玲的好友與工作伙伴，我與她一同經歷了書中不少往事，而且是一道一道美食把此書慢慢「吃」出來的第一人。

我相信自己頗有資格推薦《食之真味》，並且足以向讀者、向惠玲道出我的祝福，甚至是預言：Bon appetit! Bon voyage! 祝你胃口大開！人生旅途豐富順遂！

《地圖上的藍眼睛》共同作者

杜蘊慈

她烘焙的是人生

第一次遇見惠玲，是在南投補習班二樓，不到兩坪的小房間裡。她在稱不上廚房的地方，揉著麵糰、算著時間，小小的空間裡，擠著三個人，她利落的攪拌、加蛋、刮著柳丁皮，教我和友人做著法國南部國王餅。

這是我們第一次見面，然而，我們卻像認識很久的朋友。從上個世紀的《地圖上的藍眼睛》，我就成了她的粉絲，因著她和蘊慈筆下與鏡頭間的驅使，我也踏上蒙古之旅。而二十一世紀，因為網際網路的便利，我們先成了網友，知道她在做麵包，我更是積極的追蹤她的部落格「食之真味」。因此初次見面時，完全省略了羞赧與陌生，直奔她催生麵包的「房間」。初見這個「房間」，我有點震驚，我一直以為做出好麵包要有厲害的廚房、高貴的烤箱、美麗的刀具、漂亮的盤盆，但，這個小房間裡都沒有這些虛華的東西，只有一張惠玲特別請朋友製作的揉麵厚木板，算得上專業。

而書櫃上琳琅滿目透過網路從國外買來的麵包食譜，讓人大開眼界，這個不起眼的空間裡，收藏的應該是中部最齊全、最經典的世界級麵包、西點食譜與著作。看著她的「房間」和書櫃，我頓時明白「自學」可以到怎樣的高度。可以簡單如我總是偷懶放過自己，老是做那幾款麵包、蛋糕，沒進步的幫平凡生活添味。自我期許高者，則能像惠玲沈浸在浩瀚的烘焙世界，她跨越了時間，不只自學製作當下流行的糕點，還翻著古老的著作，做出兩百四十年前老麵包的風味。她穿梭了空間，從烤箱裡端出一盤又一盤愈來愈法國、德國、葡萄牙、斯里蘭卡、蒙古……的經典佳餚。

因著烘焙，她的視野與世界越來越寬廣。從做麵包，到講究放入攪拌盆中所有的食材，為了追尋真味，她只用好東西、更鼓勵了不少在地小農，她前一本著作《風和日麗：幸福的台灣小農》，就是從烘焙發展出來對台灣農作的在意與堅持。近期，她的關注更廣、學的東西更多，為了確保裝盛麵糰的發酵籃健康無毒，她特別去和國寶大師學習竹編；為了做出道地的亞爾薩斯咕咕洛夫的風味，惠玲還去學習製作咕咕洛夫陶模，她追求的已經不只是麵包的風味，還包括一地的飲食文化。

看著她自己燒製出的咕咕洛夫陶模，我不禁想起在亞爾薩斯友人家作客時，她的廚房壁爐上就掛著幾具咕咕洛夫的陶模，友人說：「這些都是傳家寶，已經傳承三代了。」惠玲因為烘焙所開發出的工藝，都可以當傳家寶。當大家著迷於麵包的鬆軟、名牌師傅、藍帶招牌時，很少人關注於麵包所代表的文化、麵包和土地之間的關係，惠玲則從簡單的麵粉、酵母開始講究，她的烘焙不只在廚房、房間，而是在所思所看所想的世界，生活中與旅途中都是烘焙觀察。

好吃的麵包，需要時間和等待，惠玲的麵包和她的生活，就像慢慢發酵的麵包，愈嚼愈有滋味。只因為單純的對麵包的喜愛，以最單純的心，製作一盤又一盤的麵包，過著單純又有味的生活。她不只烘焙麵包，還因為麵包烘焙出迷人的人生。

中國時報旅遊記者

黃麗如

真誠的麵包

我喜歡畫圖，也喜歡吃麵包，
有一天，我認識了大尾巴羊～惠玲，
她不是那種遇到什麼事，
就輕易.或輕忽地一步跨過的人，

我看著她，
一路摸索著學習如何做麵包，
然後，變得很會做麵包，
我覺得，做麵包跟畫圖一樣，
技巧固然重要，
但那顆本初的真心不可忘記，
惠玲的麵包，
讓我感受到她的真誠。

佩瑜 Peiyu 20140630

麵包讓我嘗到的
人生真味

小時候最期待學校遠足前一晚，羊媽總帶著羊，到南投水里街上的隆源餅店選購遠足的零食。當晚除了買零食外，羊總趁著羊媽跟老闆娘聊天之際，到處東張西望，看著一盤盤剛出爐的麵包，當時覺得好香啊！努力多吸幾口麵包香，滿足羊童年時期對麵包的想像。

近二十年前羊工作的電子公司流行團購南僑化工冷凍麵糰（有可頌、大理石等麵包），羊最期待宅配到來的那一天，回家後解凍烘烤，那是辛苦工作後的最大享受。十多年前，羊回到故鄉南投創業，因獅羊剛開的美語補習班有了狀況，重啟羊看書自學烘焙之路。三十二歲以前，羊對於烘焙烹飪一竅不通，唯二只會燒開水和煮泡麵，亦非科班出身，且從未上過烘焙課。看書自學烘焙烹飪十三年來，期間曾烤壞兩台旋風烤箱、手揉麵包八年，還好幾次因手揉麵糰扭傷而看中醫。初期曾嘗試閱讀中文烘焙書，但無法做成，進而閱讀歐美出版的英文烘焙書。

三十年前，羊高中時期麵包店的香氣，變得跟小時候不太一樣，似乎更「香」了。自從閱讀歐美英文烘焙書，才察覺國內外烘焙食譜書之差異，以及國內烘焙業不為人知的祕密。近年來，多少食安事件，才讓我們驚醒，合法和非法人工添加劑還有多少未爆彈？為了尋找無人工添加物的麵包點心，我嘗試東西方老食譜，愈是溯源，愈是深知老食譜的魅力，歷史與食物的結合，讓羊想探索更久遠的食譜。五千年前埃及人做麵包的方法，只有麵粉、酵母、水和鹽，什麼亂七八糟的東西都不用加，羊也照樣做出來。近年來國內流行日本歐式麵包食譜，日本人最愛加的麥芽精，我亦不加，羊秉持簡單的食材、遵循古法才能做出真正的好麵包。

如何看書自學？如何摸索？曾經遭遇哪些困難？麵包是我的興趣，自己最清楚是否進步。以長棍麵包為例，從害怕恐懼、突破困境，到不斷進步。做麵包時專注投入，可忘卻所有的煩惱，即使製作過程中，沉重的麵糰讓我倍感吃力，但看著麵包烘烤出爐的那一瞬間，開心啊！這就是做麵包最大的快樂。

看書自學發現，有些經過翻譯的食譜與原文內容差距之大，因此許多食譜無法做成實品。最終我從英文版、甚至是法文版食譜深入研究，才找出真正的答案。有段時間曾以為英文食譜書足以提供所有的知識，然而愈深入愈發現英文已經不敷所用，因此羊為了讀懂法文版烘焙書，從去年夏天開始，每周六北上學法文。如今已能閱讀部分法文烘焙書，小小的成就感更堅定我學法文的決心。

《食之真味》是羊多年來看書自學烘焙的經驗和記錄，食譜內容難易皆有。挑選歐洲原汁原味的麵包點心食譜，經過數次試做、修改成適合台灣的氣候條件。羊誠心希望讀者也能做出沒有任何人工化學添加劑的好麵包！此書不是教您如何做出數字競賽的烘焙書，也不是讓您擺在家裡用來欣賞的攝影食譜書。

2008 年獅羊因參與拍攝公共電視「誰來晚餐」第一季「愛麵包的旅行家」，當時公視企劃夏小姐曾問創業最低潮的日子，為何還能怡然自得做烘焙？我想答案就是：「愛麵包。」其實是麵包救了羊！在人生轉行創業最低潮的時候拉了我一把，不論日子多麼挫折難過，還是得繼續，除了努力尋找方法解決困境外，羊亦轉念嘗試看書自學烘焙，轉移人生必須面對的挫折和沮喪，讓羊重啟生機，也培養出新的興趣。

本著對麵包的熱情、理想和初衷，歷經十三年的記錄，書中文字、攝影和食譜示範皆由羊一手包辦。但製作麵包費時費力，經過漫長時間直到出爐，完成時幾近半夜，羊亦非專業攝影，烘焙照片未臻完美，敬請讀者見諒。

在出書最後拍照階段，羊經常一早邊聽著法國 Chante France 台廣播、邊做麵包。過去羊絕不在夏天做麵包，廚房裡的燠熱難耐，從小暑做到大暑，廚房飆高到 34℃，如何讓麵糰降溫是一大考驗。羊總是過於專注、渾然忘我，直到坐下才突然發現室溫之高。因為希望拍出自然光，我總搶在太陽下山前拍照，每當忙完一整天，麵包完成時，夕陽西下陽光斜照，窗邊透進金黃色溫馨的光芒。以前羊從沒機會觀察夕陽的變化，感謝老天爺給羊機會，體會生活中的美好。

英國的傑米‧奧利佛（Jamie Oliver）有鑑於學校太多小胖子，到校園推廣健康烹飪飲食。羊期許自己也能藉由《食之真味》，讓更多人了解食物的原味，經由簡單的製作，在校園推廣美味無人工化學添加的好麵包。

《食之真味》是本用生命寫的麵包書，麵包就是羊的生活。麵包延伸出各種興趣，包括拜大師學竹編、拉陶和北上學法文，麵包就是羊的一切，誰知道未來還有多少想像不到的延伸呢？看書自學之路毫不受限，去年國內女性平均壽命八十三歲，扣掉大學畢業前的歲月，人生還有幾個十三年呢？一起動手吧！

關於羊的由來

2006 年我在 pchome 新聞台成立食之真味，本來只是為了抒發平日烘焙烹飪的心情，不想用真名。再加上蘊慈（代號獅子）總說關外（新疆、蒙古等地）的綿羊為大尾巴羊，綿羊尾巴的特色為一大坨肥油，奔跑時整坨晃動，覺得很可愛！而且我屬羊，就以此為名。沒想到本來不想讓網友知道我是誰，但後來好像都知道了。羊的名稱也就定下來了。

Chapter

1

踏上烘焙之路

羊生的困境

站在人生的轉捩點

2001 年 4 月，剛創業半年多，悶熱的梅雨季裡，我們的鐵門深鎖，連個縫都不敢開，深怕縣府教育局相關人員再次前來開罰單。

幽暗燠熱的房內，為了省電，我（代號：大尾巴羊）只開一盞小燈和風扇。同時手中拿著麵糰往桌面上摔，並不是為了任何事生氣，這是法國藍帶麵包書的教法，為了將麵糰攪拌均勻。

這是我人生的轉折點，過不了這一關，該何去何從？一年前，我還是台北某外商電子公司的廠長，工作辛苦薪水很高，月薪是現在創業的十倍。坦白說，在製造業十二年後，我已經受夠了，不想再回到過去的生活，創業雖然辛苦，但至少有機會改變我的人生。

在製造業辛苦工作了十年，好不容易存到五十萬，原本盤算該買當年很紅的 March 小車呢？還是買間小套房付頭期款呢？最後我什麼都沒做，砸下五十萬完成一輩子只去一次的大旅行！

旅行改變了我

1998 年 6 月，朋友杜蘊慈（代號：獅子）和我兩人一起自助旅行，我們花了五個多月，全程兩萬七千公里，走過外蒙古、俄羅斯、哈薩克、烏茲別克、吉爾吉斯和中國新疆，參加外蒙古的那達慕大會、抵達蘇武牧羊北海邊的貝加爾湖、搭乘四天三夜的西伯利亞鐵路、走訪漢朝張騫出西域的絲路古城、徒步健行哈薩克和吉爾吉斯的天山及穿越塔克拉瑪干沙漠。在 2000 年完成《地圖上的藍眼睛》（大塊文化出版，文字：杜蘊慈，攝影：黃惠玲）一書。

旅行回來後，我們有了新的想法。我不想回到製造業，而蘊慈則在家教授國中高中英文數學家教，學生們學習成效良好。我二姊建議：「何不一起開英文補習班呢？」因為房租較便宜，故選擇我的故鄉南投，作為英文補習班的開始。

蘊慈原本計畫 2000 年 9 月 22 日，先到南投某國小帶老師們的英文讀書會，不過 2000 年的「921 大地震」卻打亂我們籌辦補習班的計畫。衡量南投重建最少需要一年的時間，政大商學院畢業的蘊慈趁此機會，到美國加州大學聖塔芭芭拉分校專攻第二語言英語教學；我則繼續回電子業工作，希望能為籌備補習班多存點錢。

我重回電子業，從工業工程師晉升至廠長，工作負荷之大，半夜下班已是家常便飯，經常發高燒掛急診，我很清楚這不是自己想要的人生，最後辭去廠長的職務。接著去美國加州三個月，住在蘊慈父母家中，白天到社區語言學校讀書，其他時間放慢腳步，好好體會美國加州的鄉村生活。

某日在加州 Ventura 的書店買到一本《Mediterranean》（Anne White 著），在這之前，我可是對烘焙烹飪一竅不通，只因書中的照片太誘人。蘊慈還說：「你買食譜做什麼？你又不會做菜！」我理直氣壯回答：「看看也好啊！」沒想到這本書，後來成為我的烘焙烹飪啟蒙書之一。

我揉麵糰揉得汗流浹背，回頭看著鐵門，好想開門，實在是太熱了！但是又擔心縣府人員再次出現。

當我們一切慢慢就緒後，正打算搞清楚該如何申請立案時，突然某日，我騎車到附近超市買菜回來，蘊慈說：「剛剛來了一大票人，有縣府教育局、消防局、警察局等人，進門後拚命拍照，因為我們沒立案被檢舉了，而且開了罰單五萬塊！」我緊張地問：「那現在該怎麼辦呢？」她繼續說：「縣府人員說我們不能再開門，否則再罰五萬！」但我們兩個人賺的錢加在一起也不到罰單的一半，我癱在椅子上，完全說不出話。

後來我們請英文書商介紹仲介，幫忙辦理補習班立案。仲介看了租屋後搖頭說：「後半段的房子全部都是違建，除非你能說服房東，將後半段房子全部打掉後立案，等立案過了再重建。」我想縱使真能立案成功，我們也沒財力打掉房子再重建。現在唯一的方法，只能再找別的房子立案了，在還沒找到能立案的房子前，白天裡我們只能偷偷摸摸不敢開門，深怕又被罰款。當時只想租個房子開始創業，沒想到萬事起頭難，老天爺到底還有多少考驗在等著我們？

自學烘焙和做麵包的迷思

我的烘焙初體驗

1998 年的大旅行，我們買好票預訂搭乘西伯利亞鐵路四天三夜的火車，卻因幫我們訂票的俄國旅行社疏失，造成我們得在火車上逃票，現在我們的窘境絕對不輸那回西伯利亞大逃亡。不過，要將整棟房子的所有行李和家具，在一夜之間全搬空，來個「西伯利亞大逃亡」，坦白說真的很困難，而且我們還沒找到能立案的房子，要搬走談何容易。再加上學生的學費已收，坦白告訴家長們：「我們被檢舉了！現在學費一律退費，我們在南投下台一鞠躬！」我是真的做不到啊！我們將所有的資金全數投入，還借了錢，如今同業檢舉我們，就是希望我們的補習班開不下去，除此之外，我們真的不想回到過去的生活了。

接下來的日子，白天只能繼續偷偷摸摸大門深鎖，晚上學生上課時才開門。心情真的很糟，但在還沒找到能立案的房子前，日子還是得過下去。

十六年前我們在俄羅斯旅行的那一個多月，從東西到南北，每天的主食是黑麵包。俄羅斯的黑麵包通常都是跟其他食品一起銷售，沒有單獨的麵包店，當時我總是帶著一個購物袋，對著窗口的俄國大媽比手畫腳，比出我想買哪種麵包，再掏出一把零錢讓大媽挑，然後滿足地抱著黑麵包回旅館。回到旅館，以瑞士刀切片來吃，聞起來微酸、吃起來也微酸的黑麵包，神奇的是吞下後，整個嘴巴是甘甜的。整整吃了一個多月的黑麵包，我已經愛上黑麵包濃醇黑麥香的酸味。

尋找旅途上的滋味

某日，蘊慈因為思念俄羅斯旅行的日子，想做俄羅斯藍莓派，當她照著英文烘焙書食譜，竟真的依樣畫葫蘆做出俄羅斯藍莓派！我在旁一點忙都幫不上，只能眼巴巴地看著食物猛流口水。因為太過思念旅行時吃到的食物，蘊慈做了幾次異國美食後，讓我也蠢蠢欲動，想嘗試親自動手做烘焙的樂趣。

坐在辦公室內，鐵門不敢開，我瞄到

辦公室內唯一的一張長桌，突然靈機一動：「我可以做麵包啊！」從小就特別愛吃麵包的我，對麵包一直情有獨鍾。不過，「羊做麵包」喊得很大聲，但是我在三十二歲以前只會燒開水和煮泡麵。以前曾經覺得我的人生，買便當和麵包已經很足夠了，不需要浪費太多時間在這上頭。

我翻著在美國加州買的《Mediterranean》一書，翻到餅乾食譜，心想餅乾應該是最簡單的吧！裡面的薰衣草餅乾就成為我最早嘗試的烘焙對象，我準備好工具、材料和烤箱，好像自己已經很厲害的樣子，直到真正動手做，才知什麼叫做「手忙腳亂」。除了滿桌子的麵粉殘骸，還有忙到汗流浹背一臉狼狽的我，薰衣草餅乾總算做出來了。雖然有些烤焦了，不過倒也給了我一點點信心，其實烘焙還挺好玩的。

《Mediterranean》成了我最早的烘焙烹飪啟蒙書。我繼續做著書中的烘焙食譜，餅乾、麵包一一嘗試，有時成功、有時整盤倒掉。很高興我接觸的第一本麵包啟蒙書，不是教我加入各種人工化學香料香精、改良劑或益麵劑做成的麵包書。我使用的烤箱是一台兩千多元的上豪牌旋風烤箱，但烤出來的麵包還挺像樣的，我從這本書學到做麵包的基本概念，同時根據此書食譜做出麵包點心，得到的感想是——原來原味、好吃的麵包要自己做！

而另一本麵包啟蒙書則是《法國麵包基礎篇》（法國藍帶廚藝學院著，大境文化出版）。關於製作麵包有更詳細的圖文解說，其實真正歐洲麵包成分只有四種：麵粉、酵母、水和鹽，不需要油，更不需要糖。愈簡單的味道，愈難做出來。

做麵包一定要有改良劑、預拌粉？

當我讀完《法國麵包基礎篇》，為了買齊該有的配備及材料，前往烘焙材料行採購。熱心的老闆娘建議我初學麵包，應該要買「預拌粉」及「三合一改良劑」，這樣做出來的麵包才會又香又軟，而且省時省力！讓我不禁納悶，到底是什麼「美國仙丹」可以讓麵包又香又軟，而且省時省力？其實當時我要買的是「黑麥麵粉」，老闆娘說沒有，但是有「雜糧預拌粉」，我心想那就只好先買了。

至於「三合一改良劑」，我直覺反應這種「美國仙丹」應該不是什麼好東西，當然拒絕了。但是熱心的老闆娘說：「那我送你一小包好了！揉麵時只要加入一點點改良劑，保證又香又軟效果特別好！」

回家後，我照著老闆娘給的快速食譜（雜糧健康麵包）試做，但我不想加改良劑，結果從揉麵到烤好麵包，前後只花了一個多小時即完成。嘗了幾口，非常類似市售麵包的味道，當然市售麵包還會加上人工香料香精等等，但這根本不是我想要的麵包。最後，我將剩下的「雜糧預拌粉」及改良劑丟進垃圾桶。

「預拌粉」到底是什麼東西呢？某次我到北市某家大型烘焙材料行，那裡擺著各種口味的「預拌粉」，所有麵包店看得到的麵包、點心及蛋糕，都可以用「預拌粉」做成。譬如：麻糬麵包、提拉米蘇等等。

再仔細一看「預拌粉」的內容物：除了看似正常的成分外，還有乳化劑及其他化學添加劑。「預拌粉」顧名思義應該是「眾多相關的粉類拌在一起」，但到底是什麼粉類無法自己買回家自己拌，而非得要上游供應商拌好再出售呢？肯定有什麼見不得人的內容，而且使用「預拌粉」，居然不用任何烘焙技術，就可以快速成功做出蛋糕麵包。

現代人太講究效率，凡事要求快速就好，殊不知許多不好的食物，在快速進食的過程中全都吃下肚。其實拜網路之賜，只要在網路搜尋引擎打入關鍵字，所有相關的訊息都會一一浮現，只要有好奇心，想查什麼資訊，一定查得到。

我曾經考慮過去上坊間的烘焙課程，也多方比較過各家的烘焙課，其實每一家的課程都很類似。譬如：最近流行何種麵包或點心，烘焙課開的課大致就是這種流行方向。至於市面上許多出版的麵包書，坦白說，也是大同小異，實在看不出有何創新或真正做

麵包的想法，甚至也不忘教讀者加上改良劑。

和蘊慈討論過後，她給了我很大的啟發和信心。她說：「台灣長久以來的教育環境，總讓人覺得學任何東西都要補習，沒有補習靠自己是學不來的。」我又問：「那該如何自學烘焙呢？」她說：「我先幫你在美國亞馬遜網路書店選購一本英文烘焙書，就從這本開始吧！」我又有新的擔心：「我的英文不好……」她說：「沒關係，不懂再問我吧！」

剛開始自學英文烘焙食譜書，我也查閱了不少英漢辭典，甚至做了筆記，但時間一久，很多單字都熟悉了，不太需要再查，幾乎都背起來了。蘊慈當初的建議，開啟我廣大的學習，我的烘焙自學過程，不再受限，可以更廣、更深、更有層次。不只是哪個麵包師傅烘焙課教什麼就做什麼，我能掌握想知道的烘焙世界。自學無數的英文烘焙書，讓我看到更多窗戶，延伸出更多想像不到的未來。今天我能分享自學烘焙的樂趣，其實是當初她給予我很大的信心，讓我能踏實地走著這條路。

地中海全麥薰衣草愛心餅乾
Lavender Hearts

材料

未漂白低筋麵粉	170 克
有機全麥麵粉	40 克
無鹽發酵奶油	105 克
（硬狀、切小塊）	
二砂糖	75 克
蛋	1 個
乾薰衣草切碎	1 大匙

做法

1　預熱烤箱 180℃（約半小時）。

2　過篩低筋麵粉、有機全麥麵粉、無鹽奶油及細砂糖，混合均勻。

3　加入雞蛋、薰衣草，混合平均，擀平成 0.3 公分厚，用心型或其他模型取出圖案，放在烘焙紙上。

4　以 180℃，烘烤約 18 分鐘即可。

自學烘焙的樂趣

手揉麵糰的療癒時光

福卡斯為法文 fougasse，意為烤餅，類似義大利的佛卡夏（focaccia）。食譜的成品數量很少，大約都是一兩條麵包，很適合用攪拌盆來手揉麵糰。

我先查明書中不懂的單字，一一做上記號，文中出現「unbleached strong white flour」 意思是「未漂白高筋麵粉」，我跟獅子討論未漂白麵粉，為何需要特別強調未漂白呢？博學多聞的獅子說：「因為現在有些麵粉商，為了做出來的麵包賣相好，通常會加上漂白劑，讓麵包看起來更白、更好吃。」我這才知道麵粉的差別，剛開始選購超市的麵粉，卻找不到未漂白麵粉，只好繼續買，但是我記住了這件事，持續找尋未漂白麵粉。也才知道原來市售那些白的吐司、麵包和饅頭，都是漂白麵粉做的。多年來，我

選擇未漂白麵粉做麵包，觀察其顏色，一點兒都不白啊！

書中又說如果選用「active dry yeast」（乾酵母），水溫要控制在華氏 125 度，也就是 52℃。我為了控制溫度，還特別到文具行買了一支 100℃的溫濕度計，釘在製作麵包的房間或廚房牆上，更方便記錄室溫。關於酵母，我建議使用國產的白玫瑰牌新鮮酵母，新鮮酵母很適合做長時間發酵的歐洲麵包，甚至做包子饅頭中式麵食都非常好。使用新鮮酵母，水溫為室溫即可。

福卡斯材料很簡單，包括培根、法國 T65 麵粉、水、新鮮酵母、有機海鹽、頂級原味橄欖油、酸奶油和愛曼塔（emmental）乾酪。

I 國內乾酵母不好買，大部分是即溶酵母偽裝的。因為乾酵母得配合溫水才能活化酵母，一般人覺得麻煩，而且不易成功，後來市面上出現包裝袋上中文寫乾酵母，但英文說明是 instant yeast（即溶酵母或速發酵母）），而且不需用溫水溶解乾酵母。我個人不喜歡即溶酵母的原因是含有乳化劑，建議買新鮮酵母是最好的（成分：酵母、水和卵磷脂），新鮮酵母更適合長時間發酵麵包。

這些年來，進口麵粉選擇更多了。羊選用法國 T65 麵粉，因其麵粉未漂白，而且種植過程沒有除草劑和生長激素。雖然曾有人說法國 T65 麵粉難操作，但多練習幾次就熟悉了，鼓起勇氣，不要害怕，熟能生巧！法國 T65 麵粉烘烤後有更多小麥的天然風味！

初學烘焙需要的工具：攪拌盆、量杯、量匙、擀麵棍、烘焙紙和烤箱。因為這種麵包很適合用小烤箱烘烤，而且食譜看起來好像不是很難，我到烘焙材料行買了上述工具後，又託鄰居的電器行買了兩千多塊的上豪牌烤箱。獅子說：「你得買個揉麵板。」我說：「去哪兒買？」獅說：「訂做一個吧！」剛好想到幫我們做系統櫥櫃的徐老師，就請他做一個木製揉麵板，要做多大呢？大約小於一米平方吧！揉麵板該放哪兒呢？下頭墊兩張課桌，靠在牆邊就行了。

我的麵包練習曲

萬事俱備準備揉麵，書上說揉到軟而且不黏的麵糰。我突然想起在美國那段日子，看著獅媽揉麵做包子的畫面，我依樣畫葫蘆的試著揣摩揉麵的動作。

‧ **混合**——我先照著書中的指示將新鮮酵母、法國 T65 麵粉放在攪拌盆的中央，有機海鹽撒在麵粉的周圍（盡量避免直接接觸酵母），慢慢加入大部份的水和 2 大匙橄欖油（30 毫升），揉成麵糰，如果需要再加一些麵粉。

‧ **攪拌**——從攪拌盆中取出麵糰，表面撒上一些麵粉繼續揉麵。放回攪拌盆中，輕輕揉 10 分鐘，直到麵糰是軟的但不黏的狀態。

‧ **一次發酵**——然後洗淨攪拌盆，擦乾並且在盆內塗上橄欖油。將麵糰塑成圓形放入盆中，蓋上布巾，第一次發酵 2 小時（第一個小時摺疊麵糰一次，類似摺豆腐乾，麵糰四周上下左右都往內對摺到底）。

‧ **備料**——麵糰發酵期間將培根切碎，放在平底鍋內，稍微煎一下去油，再以吸油紙吸取多餘油脂。

‧ **分割鬆弛**——再將麵糰從盆中取出，分成每糰 350 克，蓋上布巾，讓其鬆弛 20 分鐘。烤盤上放置烘焙紙，將麵糰放在烤盤紙上，以手沾麵粉壓扁，呈直徑約 18 公分、厚約 1 公分的圓形。

‧ **二次發酵**——麵餅周圍留約 1 公分，第一層先塗上酸奶油，第二層鋪上愛曼塔（emmental）乾酪，第三層放上碎培根。第二次發酵 1 小時。

‧ **烘烤**——預熱烤箱 265℃（約半小時），入爐前後各先噴蒸汽 5 秒，烤約 20 分鐘，直到表面邊邊呈金黃色（小心麵糰上的培根易烤焦），並且麵包底部敲起來的聲音是中空的，出爐後放在架上，待涼後食用。

此食譜建議直接以新鮮酵母製作麵包（請看做法 A），或是增加老麵種製作做法（請看做法 B），也可以用麵包機製作。因為加上少許新鮮酵母（和老麵種）經過三次以上長時間完整的發酵（攪拌完第一次和第二次發酵，入爐烘烤為第三次發酵），吃下烘烤後的麵包不會脹氣，因為不像市售快速製作的麵包，未經完整長時間的發酵過程，而是添加人工化學添加劑縮短發酵的時間，使那些沒發酵完整的酵母都到了肚子裡，當然吃下後會不舒服。

我照著書中的指示，每一個步驟踏實地做，絕不省略。當我小心翼翼將麵糰送進烤箱時，透過烤箱的玻璃往內瞧，看著麵糰由淺黃轉成金黃，麵包的香味漸漸飄出，我開心地對麵包微笑。從來沒想過自己能做出麵包來，一口咬下，充滿培根和乳酪的香氣搭上酸奶油的清爽，綿密 Q 彈的麵餅口感，天啊！好吃得讓人想哭。現在我有信心了，其實真的沒那麼難。

法國 T65 酸奶油培根福卡斯
La fougasse aux lardons

材料

切碎培根	400 克
水	700 克
新鮮酵母	20 克
法國 T65 麵粉	1000 克
有機海鹽	20 克
頂級原味橄欖油	60 毫升
酸奶油（sour cream）	200 克
愛曼塔（emmental）乾酪（刨絲）	200 克

總重 2600 克

做法

1. 先將培根切碎，放在平底鍋內，稍微煎一下去油，再以吸油紙吸取多餘油脂。

2. 攪拌缸內加入水、新鮮酵母、T65 麵粉和海鹽混合均勻，以第一速打 4 分鐘，再以第二速打 7 分鐘，加入橄欖油，第二速打 3 分鐘（我的攪拌缸為一貫式 24 公升，共分三速）。

3. 第一次發酵 2 小時（第一個小時摺疊麵糰一次）。

4. 分成每個麵糰 350 克（扣掉餡料重，可做 5 個），鬆弛 20 分鐘。

5. 烤盤上放置烘焙紙，將麵糰放在烤盤紙上，以手沾麵粉壓扁，直徑約 18 公分、厚約 1 公分的圓狀。

6. 麵餅周圍留約 1 公分，第一層先塗上酸奶油，第二層鋪上愛曼塔乳酪絲，第三層放上碎培根。第二次發酵 1 小時。

7. 預熱烤箱 265℃（約半小時）。

8. 入爐前後各先噴蒸汽 5 秒。

9. 烤約 20 分鐘。

⎰ 羊的烘焙手記 ⎱

· 若將 T65 麵粉改成一般高筋麵粉，請將水量增加 1% 到 2%，再視狀況調整。

· 食譜中我使用攪拌機替代手揉，手揉麵糰當然可以做得出來（手揉總重最好在 1000 至 1500 克內，否則揉不動），但手容易扭傷。另外要注意如果食材內有奶油，手揉麵糰很可能揉不透，甚至在烘烤時易結成塊狀而烤不熟，建議可以選購攪拌機。

· 現在麵包機非常熱門，如果家中有一台也可當成攪拌機使用。以價格為考量的話，麵包機比攪拌機便宜，並且麵包機具有多功能。不過，直接以麵包機烘烤的麵包口感偏乾。我建議讀者可使用麵包機的攪拌麵糰功能，當冬天室溫低於酵母活躍的溫度（25～35℃）時，更可將攪拌完的麵糰放在麵包機內，做第一次發酵。

· 麵包機如何使用新鮮酵母？重量如何計算？切記不可使用「預約時間」按鍵製作麵包，因為酵母可能發過頭。只能馬上製作麵包：先將液體（譬如：水、新鮮酵母、牛奶、老麵種等）倒入麵包機內鍋，再加入固體食材。

· 如何將材料換成麵包機的容量呢？當家中的麵包機的容量為 1000 公克時，可換算主麵糰的重量：

總重 2690 克－培根切碎 400 克－酸奶油 200 克－愛曼塔乾酪 200 克＝ 1890 克（主麵糰）

1000 ÷ 1890 = 0.53

則將材料重量乘上 0.53 即可得到您麵包機限制之下的材料重量。

· 家用烤箱最多到 250℃，所以用 250℃烘烤即可，可預熱烤箱更久，約 45 分鐘。若烤箱沒蒸汽，可用噴壺裝水，麵糰入爐前噴幾下，麵糰入爐後，再噴幾下，馬上關上烤箱。

B 法國 T65 老麵種酸奶油培根福卡斯

La fougasse aux lardons

材料

培根切碎	400 克
水	600 克
老麵種	200 克
（做法請參考 P.104）	
新鮮酵母	10 克
法國 T65 麵粉	1000 克
有機海鹽	20 克
頂級原味橄欖油	60 毫升
酸奶油（sour cream）	200 克
愛曼塔（emmental）乾酪（刨絲）	200 克
總重	2690 克

做法

1 先將培根切碎，放在平底鍋內，稍微煎一下去油，再以吸油紙吸取多餘油脂。

2 攪拌缸內加入水、老麵種、新鮮酵母、T65 麵粉和海鹽混合均勻，以第一速打 4 分鐘，再以第二速打 7 分鐘，加入橄欖油，第二速打 3 分鐘。

3 第一次發酵 2 小時（第一個小時摺疊麵糰一次）。

4 分成每個麵糰 350 克（扣掉餡料重，可做 5 個），鬆弛 20 分鐘。

5 烤盤上放置烘焙紙，將麵糰放在烤盤紙上，以手沾麵粉壓扁，直徑約 18 公分、厚約 1 公分的圓狀。

6 麵餅周圍留約 1 公分，第一層先塗上酸奶油，第二層鋪上愛曼塔乳酪絲，第三層放上碎培根。第二次發酵 1 小時。

7 預熱烤箱 265℃（約半小時）。

8 入爐前後各先噴蒸汽 5 秒。

9 烤約 20 分鐘。

｛ 羊的烘焙手記 ｝

· 如果您經常做麵包，家中備有老麵種絕對是加分的效果。養了老麵種，則用做法 B；沒養老麵種，可用做法 A。麵糰內加入老麵種，麵糰更 Q 軟好吃、蘊含淡淡的小麥香。沒加老麵種口感還是差了些，味道也不如添加老麵種的香氣。

磨練烘焙基礎功

法國波爾卡麵包 (Le polka) vs. 塔丁 (Tartine) 的多種吃法

某日獅子從台北回來說：「我妹買了一本法國藍帶的麵包書，昨天練習做長棍麵包。」

羊聽到長棍麵包瞪大眼睛問：「做成了嗎？」

獅搖頭說：「沒有。步驟很多，她省略部分做法，失敗了。」

有點失望的羊續問：「書名是啥？」

獅說：「《法國麵包基礎篇》。」

好奇羊說：「我想試試看，幫我買一本吧！」長棍麵包不正是所有麵包愛好者的夢想嗎？我翻著書中的食譜，這些麵包都是千禧年獅羊去法國旅行時所見，看著書中的照片，我愈翻愈興奮，其中有傳統麵包、特殊風味麵包、甜麵包、吐司、調理麵包、摺疊麵包和蛋糕。

仔細瞧瞧書中的做法，傳統麵包類的材料都需要一種「發酵麵糰」，這是我之前未曾見過的材料，該怎麼做呢？材料是：法國麵包粉、水、新鮮酵母和鹽。做法有十四個步驟，完成後最少得等上四小時，或是長達十五～十八小時的發酵。做好「發酵麵糰」後，再繼續做傳統麵包主麵糰，譬如：鄉村麵包、長棍麵包等等。再仔細讀如何做？還需再做三十五個步驟啊！有些步驟費時更久，我突然有

點膽怯了，這些傳統麵包看起來超可口，但是需時這麼久（一天多），而且獅妹做失敗了，我真的要做嗎？

羊開始思考：我如果不試，再也不可能做出法國傳統麵包，長棍麵包將離我好遠。這就像是剛到一個新公司工作，前三個月是試用期，熬不過試用期，永遠在每一家公司都是試用期。我決定試試看，不做哪知結果為何呢？

給自己的烘焙試用期

找齊所有材料，開始試做。先做發酵麵糰，每一個步驟小心謹慎，蓋上保鮮膜，放入冰箱冷藏，等待隔天發好麵種。心情忐忑不安，這是我首次做發酵麵種，隔天一早醒來，趕緊打開冰箱看麵種是否安好？羊對著麵種喃喃自語：「哇～長大了耶！而且好香啊！」照著書中的做法繼續做鄉村麵包，步驟雖然很多，但是絕不能省略跳過不做，這就像是學習英文，基礎功沒練好，總有一天問題會回來找你的。我知道這是一種磨練，磨久了功夫就是你的！

手揉麵糰時就像小心呵護嬰兒一般，

你怎麼對待麵糰，麵糰就如何回應你。慢慢體會揉麵的感覺，可以感受到麵糰無比的生命力。照著書中指示，塑出長條狀的麵糰，我驚訝麵糰居然有如此大的可塑性。直到烘烤出爐，那種成就感真是難以形容，用兩千多塊的烤箱，徒手揉麵糰。

啊！我居然能做出法國的鄉村麵包！從發酵麵糰的學習中，讓我體會到好吃的麵包，的確要自己做，而且要用發酵麵種帶出小麥香，味道才能綿長，咀嚼後更能回甘！很高興我又往前踏了一步。

我繼續試做法國 T65 波爾卡麵包，類似法國 T65 酸奶油培根福卡斯的做法（請參考 P.25），材料更簡單，只有法國 T65 麵粉、水、新鮮酵母和有機海鹽，材料愈簡單的麵包愈難做。此食譜同樣是直接以新鮮酵母製作麵包（請看做法 A），或是換算成增加老麵種的做法（請看做法 B）。

美味麵包不只一種吃法

許多人不知真正的歐洲麵包（材料只有麵粉、酵母、水和鹽）該怎麼吃？最簡單的方法就是切片後，塗上好奶油、果醬或直接蘸初榨橄欖油。塔丁為法文 tartine，英文意為「打開的三明治」。我很喜歡此食譜書《柏朗法國私房塔丁食譜》（*Les meilleures tartines*）（信鴿法國書店出版，作者柏朗〔Lionel Poilâne〕；翻譯郭慧貞）。柏朗先生，教讀者如何運用周圍的食材，稍加處理過，直接塗在麵包切片上。

書上前言說了這段話：「塔丁這樣的的單片三明治可以戶外旅遊攜帶食用，也可以在咖啡館裡悠閒享用。法國的塔丁就像是日本的壽司，或台灣的便當。但是要有好吃的塔丁，先決條件就是要有好吃的麵包。只要麵包的品質好，烤不烤都一樣美味。」

我想追隨柏朗先生的塔丁食譜，好好練習塔丁。

2　法國麵包粉指的是法國 T55 麵粉，若無 T55 麵粉，亦可用高筋麵粉替代，製作時得注意麵粉的含水量不同。
3　請參考 P.50 七天六夜法國普瓦蘭麵包（Poilâne-Style Miche）。柏朗和普瓦蘭先生為同一人。

牛仔塔丁
Cowboy's Favourite Tartine

材料
培根 2 片、雞蛋 2 個、胡椒適量

做法
1　先烤麵包切片，同時將培根放在鍋內煎到脆。將培根壓碎後放在麵包上。
2　將蛋煎成太陽蛋（單面煎，在蛋白熟透後、蛋黃熟透前取出），鋪在已加培根的塔丁上，撒上現磨黑胡椒粉。

巴黎塔丁
Paris Tartine

材料
切片新鮮蘑菇 200 克、紅蔥頭 6 個（去皮切碎）、無鹽奶油 3 大匙、新鮮巴西里（parsley）（洋香菜）適量或乾的亦可、胡椒和鹽巴適量

做法
平底鍋加入奶油，將切碎紅蔥頭加入，以中小火炒，再加入切片的蘑菇，直到煎熟。最後加入巴西里、胡椒和鹽巴調味，直接塗在麵包片上。

糊蛋塔丁
Scrambled Egg Tartine

材料

雞蛋 2 個、無鹽奶油 10 克、鹽少許、胡椒粉少許、
肉豆蔻粉少許、全脂牛奶 1/2 杯

做法

將雞蛋、牛奶、胡椒粉、肉豆蔻粉和鹽攪拌均
勻。取鍋加熱後，放入奶油，將蛋糊倒入鍋中，
以小火煮，不停地攪拌。蛋開始成形就立刻離
火。將此糊蛋塗在烤好的麵包上。

檸檬克林姆塔丁
Lemon Curd Tartine

材料

有機檸檬或萊姆 2 個、頂級無鹽發酵奶油
90 克、二砂糖 125 克、雞蛋 3 個

做法

將擦碎有機檸檬皮、檸檬汁、奶油和糖
倒入鍋中，攪拌均勻後，以小火加熱。
另取一大碗打蛋，慢慢將打好的蛋倒入
鍋中，以中小火煮約 3 ～ 5 分鐘。要邊
煮邊攪拌（小心別煮成蛋花），直到汁
液變濃稠時即可關火離鍋，待冷卻後裝
瓶。新鮮麵包切片塗上無鹽奶油後，抹
上檸檬克林姆即可。

Ⓐ 法國 T65 波爾卡麵包
Le polka

材料

法國 T65 麵粉	1000 克
水	750 毫升
新鮮酵母	10 克
有機海鹽	20 克
總重	1780 克

做法

1. 攪拌缸內加入水、T65 麵粉混合均勻，以第一速打 4 分鐘，麵糰表面蓋上塑膠布，避免乾掉。靜置，麵糰自體溶解（法文 autolyse）1 小時。

2. 取出塑膠布，原麵糰再加入新鮮酵母和海鹽，以第一速打 3 分鐘，第二速續打 7 分鐘。

3. 第一次發酵共 1.5 小時。

4. 分糰，每糰重 300 克，鬆弛 30 分鐘。

5. 以手掌輕輕拍打麵糰空氣，將麵糰目測分成三等份，從上方三分之一處往下摺，再將麵糰翻回 180 度，再將剩下三分之一往內摺，封口以手掌封好。

6. 搓長為 45 公分的小長棍，烤盤上放置烘焙紙，麵糰放在烘焙紙上。麵糰撒粉，用手掌壓扁麵糰，第二次發酵 1 小時 30 分鐘。

7. 預熱烤箱 250℃（約半小時）。

8. 麵糰撒粉，以刀子斜劃成格子狀。

9. 入爐前後各先噴蒸汽 5 秒。

10. 烤箱以 250℃烤 25 分鐘。

⎰ 羊的烘焙手記 ⎱

· 後來幾年我花了很多時間，練習《法國麵包基礎
  篇》這本食譜，所有的食譜皆做過數次，每次練
  習都有不同的心得，這些都是基礎功的累積。

· 如果練習塑長棍失敗，可以改做成波爾卡麵包，
  從步驟6開始，直接壓扁麵糰，讓麵糰再次發酵，
  表面斜劃成格子狀即成。

法國 T65 老麵種波爾卡麵包
Le polka

材料

法國 T65 麵粉	1000 克
水	650 毫升
老麵種	200 克
（做法請參考 P.104）	
新鮮酵母	5 克
有機海鹽	20 克
總重	1875 克

做法

1　攪拌缸內加入水、T65 麵粉混合均勻，以第一速打 4 分鐘，麵糰表面蓋上塑膠布，避免乾掉。靜置，麵糰自體溶解（法文 autolyse）1 小時。

2　取出塑膠布，原麵糰再加入老麵種、新鮮酵母和海鹽，以第一速打 3 分鐘，第二速續打 7 分鐘。

3　第一次發酵共 1.5 小時。

4　分糰，每糰重 300 克，鬆弛 30 分鐘。

5　以手掌輕輕拍打麵糰空氣，將麵糰目測分成三等份，從上方三分之一處往卜摺，再將麵糰翻回 180 度，再將剩下三分之一往內摺，封口以手掌封好。

6　搓長為 45 公分的小長棍，烤盤上放置烘焙紙，麵糰放在烘焙紙上。麵糰撒粉，用手掌壓扁麵糰，第二次發酵 1 小時 30 分鐘。

7　預熱烤箱 250℃（約半小時）。

8　麵糰撒粉，以刀子斜劃成格子狀。

9　入爐前後各先噴蒸汽 5 秒。

10　烤箱以 250℃烤 25 分鐘。

終於找到自己的興趣

從英文烘焙書中自學

二十年前，我曾在非洲模里西斯工作一年半，當時公司的王副總曾問過：「是否想過自己的興趣是什麼？閱讀、攝影、唱歌或是其他？」我答：「攝影。」他繼續說：「興趣有動、靜之分，攝影是動的，如果到老背不動相機呢？是否動靜都該兼備，想想自己到了八十歲的時候，如果沒有自己的興趣時，難道就是看電視看到八十歲嗎？」這些年來，他的話影響我很深，年年都會反省他說過的話。

更多年前，我曾看過一篇文章，內容描述法國人多采多姿的生活。當然不論這篇文章是真是假，至少帶給了我不少啟發。希望生活能像文章中的法國人，但剛開始工作的那幾年，我一直做不到，因為我在製造業時永遠都在加班。

以前總覺得自己的興趣就是攝影，我從來沒想過，能在三十二歲時找到自己的興趣：烘焙與烹飪。其實最該感謝的人，當屬檢舉我們的同業。如果大白天不用躲警察的話，我很可能還在繼續買麵包跟便當。

烘焙及烹飪成為我的興趣，帶給我另一個「窗戶」，是我想都沒想到的「大量閱讀」。以前的閱讀習慣只停留在工作相關的專業書籍和雜誌，除此之外，並沒有特別喜好的課外閱讀。直到我喜歡上烘焙烹飪後，羊腦完全打開，大量吸收攝取更多國內外相關書籍的營養，不論是簡繁體中文、英文、日文、法文、義大利文或德文。除了中英文外，其他語言，總有一天我會看懂的。

自學烘焙真的很難嗎？

我覺得不會。有人可能會說：「英文不好，根本無法自學英文烘焙書。」坦白說，我的英文也沒好到哪去。讀高中時我曾因英文被留級，這表示我英文真的不好。後來就讀台北工專時，王明展老師曾說：「未來的趨勢『英文』和『電腦』都很重要。」我記住了這句話，半工半讀之餘，我總是花了很多時間在英文和電腦上。

為了敢開口說英文，我參加了 X 見美語，大約半年的時間，我終於開口說英文了！但因考慮其課程編排的緣故，我沒再繼續上課。後來羊因工作外派非洲模里西斯成衣廠，其官方語言是英文和法文。我開口說英文，正好派上用場，當然也不是想像中的順

利，跟工廠組長們開會用英文，我得先將稿子擬好，以漢英字典查好單字，背好常用單字，開會幾次之後，才慢慢上手。

另外為了能更了解作業員説的土話，我開始以注音符號學習當地土話，因應菜市場的殺價，讓我的土話進步神速。工作上陸陸續續需要一些英文基礎，我仍然保持讀英文雜誌的習慣。後來我到外商電子公司工作，老闆是美國人，上班時幾乎都是英文對話。

剛開始讀英文烘焙書，真的還滿吃力的。很多單字不曾見過，應該説是我的英文生疏了。整本書單字查得密密麻麻，就為了看懂我不熟悉、也從未學過的烘焙內容。過程有點辛苦，既然是自己的興趣，當然甘之如飴。從喜歡的英文烘焙書開始，或許從美食照片開始挑，有了可口的麵包照片，動機明顯，想吃書中的麵包，無論如何一定要做出來！把自己不懂的單字查出來，久而久之看懂愈多烘焙單字，多累積幾篇英文文章，功力自然大增。因為製作麵包的方法大同小異，只要幾個重要的單字記住了，其他幾乎都可猜出大意。

我每隔一段時間，固定上美國亞馬遜網路書店和 eBay，搜尋最新和最老的食譜。這些年，我經常不斷地練習下列幾本烘焙書：

《The Breads of France》（作者：Bernard Clayton. JR.）三十多年前的著作重印紀念版，這是本書的作者在 1970 年旅行全法國，同時拜訪當地的麵包師傅，不論有名與否。收集當地的經典食譜，並且親自示範，並於 1978 年印刷出版。書中最前面有一張法國麵包地圖，透過地圖很清楚看到每一地區的麵包特產。我很喜歡書中七〇年代的老照片，還有那些老舊的食譜，才是真正當時的流行麵包，不講求花俏。每次做此書的食譜時，我可以深切的感受到當時的氣氛，包括麵包材料的使用，都是最樸實的，以此做出生活麵包！

《The Bread Baker's Apprentice》（作者：Peter Reinhart）這是獅子幫我挑的第一本烘焙書，此書有很清楚圖示的塑形方法，還有發酵麵種、液種和 Biga 種的做法，以及世界各國麵包的做法，很適合初學烘焙麵包者使用。

《Home Baking》（作者：Jeffrey Alford and Naomi Duguid）這是羊某次剛好到台北 101 大樓的 Page One 書店看到的，我很喜歡這對夫妻寫的書，包含旅行、麵包及攝影的結合。讀著他們的食譜書，彷彿跟著一起環遊世界，內容有當時的故事和食譜。

《Herbfarm Cookbook》（作者：Jerry Traunfeld）此香草烘焙烹飪食譜書，作者細膩體貼地說明，讓我每次打開書後，再也不想闔上。除了烘焙烹飪的食譜外，還有所有與香草相關的資訊，我有許多香草類的烘焙都是由此得到靈感。

這些年來，我一直用手揉麵糰，低於兩公斤的麵糰，一律用手揉，連烏茲別克的饢照樣做得出來。因我沒多餘的財力買攪拌機，但相對的也常因手扭傷而去看中醫，醫生半開玩笑大聲唸出症狀：「做麵包手扭傷！」害我有點窘。但是我還是樂在其中，愈熟悉烘焙，讓羊頗有成就感，愈來愈有信心了！

每一本讀過的烘焙書都是我的老師，我身上有每一本書的靈魂，彷彿這些書中的作者們，都在我眼前教我如何做烘焙。羊突然得到啟發：「人生的可塑性，就像麵糰一樣，加再多的麵粉都可以吸收！」

食材的挑選

了解什麼是天然無添加

每年四到八月，天氣熱得讓我完全不想碰烤箱，有時還是照常買麵包店的麵包。直到數年前某一天，我買了幾個菠蘿麵包，其中一個放在桌上忘記了。三天後才發現，拿起一看，大概不能吃了！正打算丟到餿水桶，突然想到為何麵包沒發霉？那時正是梅雨季節的五月，我決定看看到底何時才會發霉？我寫下購買日期，每天觀察記錄一次麵包的狀況。一星期過去了，麵包表層與塑膠袋的油漬處，死了三隻螞蟻。螞蟻怎麼死的？坦白說，我真的不知道。過了一個半月，終於發霉了！幾個深綠色的小霉，直徑約 0.3公分。隔日麵包上面爬滿了螞蟻！

我終於了解，麵包內的各種化學添加劑，需經過一個半月才會消失！如果每天吃一個市售麵包當早餐，那是多麼恐怖的一件事啊！從此我再也不買市售麵包了，再怎麼熱，還是自己做麵包最安全。

獅羊二人這些年來努力發展「宅經濟」，除了固定每週五訂有機農場的蔬菜外，其他時間幾乎不出門。那我們的生活用品該如何解決呢？

獅子笑著說：「我們買遍全世界的物品，從寒帶買到熱帶，無所不買。」冬天買北歐毛衣、春夏秋天買印度紗麗、俄羅斯的茶杯茶壺、美國或印度 eBay 的所有物品，及亞馬遜網路書店也是我們經常購買的商店。而且每次跟這些商店消費，總會收到一張貼心的卡片，上頭說：「您是我們在台灣的第一位客戶，謝謝惠顧！」哇！甚至有一回跟北印度的 eBay 購買長袖純棉繡花 T 恤時，顧客所在地居然被標上地圖，還插上了小旗子，我又是台灣第一位購買的。嗯，這種感覺挺好的。

全世界都是我的有機菜市場

六年前暑假參與公共電視「誰來晚餐」節目時，羊計畫做五天四夜的「葡萄牙山中阿嬤黑麥麵包」，心想應該要找最好的有機石磨黑麥麵粉，當時找到德國進口有機黑麥麵粉，卻是機器磨製，而非石磨磨製的。獅子繼續努力在網上找到有機石磨黑麥麵粉，出口商是香港的 Natural And Fair 網上商店，產地則是加拿大，最重要的是可以直接寄台灣。我試買了兩包，觀其顏色、聞其味道及烘烤後的口感風味，簡直就是極品！而且他們的產品是天

然、有機及公平貿易產品。從此我再也不買其他家有機黑麥麵粉（註：羊又是 Natural And Fair 的台灣第二位顧客）。

後來有一陣子，我看著 Natural And Fair 的網頁，每一種麵粉都已售清。我寫了電郵問 Wu 小姐是否可以預購麵粉，她說可以。隔了一個月，Wu 小姐寫了電郵來問：「請填預購麵粉種類和數量，下週在加拿大裝船船運，預計一個多月到貨。」我趕緊下單有機石磨黑麥麵粉、有機石磨全麥麵包麵粉和有機石磨佩斯爾特小麥麵粉。

順便一提，可能是我訂了太多麵粉。Wu 小姐再問：「為了讓您隨時可以買到麵粉，請問您每個月的用量大約是多少？」（服務真好，想到顧客下次可能還要等很久，先做預估量。）我當時並沒有告訴 Wu 小姐做麵包單純只是興趣，但是我一定會很努力地用，而且我真的慎重評估了每個月的用量。因為這麼好的有機石磨麵粉哪裡找啊！

之後一個多月的日子裡，我的心情總是停留在很夢幻的階段，想像著從加拿大開往香港的某一艘船上，正裝載著我心愛的麵粉。其實我們應該多喝、多用公平貿易產品，才不會因為誤喝了美式連鎖店的咖啡，而更加迫害咖啡農民，讓他們辛苦工作，仍然得不到合理的報酬。香港一直有一群堅持自己理想、推動公平貿易的團體或個人，這一點獅羊非常佩服！

我衷心地企盼用心經營天然有機公平貿易的商店，能夠得到鼓勵！我們使用了這些產品也能得到健康的生活；而全世界那些看天吃飯、不使用農藥、有機栽培的農民，亦能得到公平合理的報酬。很可惜，這陣子再看 Natural And Fair 網路商店，已經撤站了，可能是知道的人太少了。

如何選擇真正的好食材

很多人問我：「食材該如何挑選？」其實很簡單，心中有一把尺。

以最常用的麵粉來說，我盡量選未漂白麵粉，一般來說，非有機認證的麵粉，都有農藥殘留，雖然其農藥用量正常來說應該都在政府規範的範圍內。如果是五穀雜糧類，我建議盡量選有機穀物粉，因一般全穀物磨製，若非有機，穀物外層極可能包覆著農藥。再者，絕對不要買預拌粉，那些來路不明的粉類，絕對不選。

這幾年雖然台灣有不少農友種植小麥，但這些小麥因筋性不夠，並不適合做成麵包。其他小麥的來源，主要還是依賴美國、加拿大和澳洲進口。曾有人問我：「日本麵粉好嗎？」這好像是網路上很多網友想問的。對我來說，小麥既然是進口的，那小麥磨製成麵粉的工作，當然還是交給台灣人。當我沒有財力所有的麵粉都買有機麵粉時，我盡量選擇國產麵粉，而且是強調未漂白麵粉。再者當我想試做歐洲麵包的味道，我會盡量採用法國的 T55 和 T65 麵粉，這些都是未漂

白、無使用除草劑和生長激素的麵粉。酵母該選何種呢？快速酵母、速溶酵母、高糖酵母或低糖酵母呢？以上我全部不選，我只要新鮮酵母。

十三年前初學烘焙，歐美食譜書總是教我使用新鮮酵母，我想買新鮮酵母，烘焙材料行老闆娘說：「沒賣新鮮酵母，因為新鮮酵母做出來的麵包太酸了！」這位老闆娘真的用新鮮酵母做過麵包嗎？其實我很懷疑。初學烘焙者，總希望能多一點資訊，烘焙材料行、烘焙老師、網路、朋友、烘焙書籍都是資訊的來源，但如果自己不懂得判斷的話，很可能會出錯。當時我也曾經誤判，直到隔了幾年，在另一個烘焙材料行找到新鮮酵母。

為什麼只買新鮮酵母？因為在歐洲，很多人都是用新鮮酵母做麵包，尤其是那些需要長時間發酵的歐洲麵包，而且新鮮酵母，只有酵母、水和卵磷脂，其他快速酵母、速溶酵母、高糖酵母或低糖酵母成分除了酵母外，還有乳化劑。至於乾酵母，因乾酵母還原時，需加入適當溫度的水，消費者覺得不方便，廠商為了讓消費者方便，外包裝中文標示乾酵母，英文卻又寫了快速酵母，混淆視聽。

繼塑化劑事件後，我強烈建議各位，想做真正的歐洲麵包，還是選擇簡單無添加的新鮮酵母。因為乳化劑，有天然和化學合成之別，不要讓不肖的商人有機可乘了，盡量選擇最天然原始無添加的食物。例如：白玫瑰牌新鮮酵母，這是國產最老牌新鮮酵母，

永誠公司製作新鮮酵母已有四十多年經驗了。市面上現在也有日本品牌的酵母可供選擇，我的想法還是跟選麵粉一樣，我願意選擇國產品，國產新鮮酵母除了製作各種歐洲麵包外，做包子、饅頭和養歐洲或中式老麵種，效果都很好。

最近幾年很紅的天然酵母（老麵種），很多人一窩蜂搶著養，甚至只要標榜天然酵母做的麵包，幾乎都可高價出售，胖達人事件就是很好的例子。但實際上是否加入老麵種，其實消費者是吃不出來的。羊在書中附有簡單的養老麵種方法，讀者可自行嘗試。商業銷售麵包添加自養老麵種的風險很大，若非在穩定的老窖機中養出的老麵種，否則易養出雜菌而不自知。

鹽巴的選擇？之前試過蒙古岩鹽，效果很好，味道很豐富，但取得不易。近年來進口紐西蘭有機海鹽，味道很好。

果乾的選擇？果乾顏色過於鮮豔，都是有問題的，不要選購賣相好、太漂亮的果乾。例如：杏乾的顏色應該是偏深黑色，而非橘黃色。

核果類？盡量選擇店家儲存在冷藏區的核果或是真空包裝。因為在室溫儲存的核果，易生黴菌，很可能有防腐劑或燻硫過。至於美國杏仁粉，自行使用杏仁果經由食物調理機磨製成粉，比直接買市售現成的粉保留較多油脂。

麵包點心常用的糖漬橘皮？不要選青色紅色的染色假橘皮，除了色素香料外，還有防腐劑，仔細看過成分才選購。

雞蛋？盡量選擇無藥物殘留的新鮮雞蛋。市售雞蛋一般來說，都會告訴你無藥物殘留，但直到抽驗出爐，可能藥物殘留，所以最好的方法，就是認識養蛋雞的小農，確定他們將雞蛋定期送中央畜產中心檢驗，而且最少要驗四種藥物以上：必利美達民（Pyrimethamine）、磺胺劑（Sulfa drug）、抗生素（Antibiotic Substances）、氯黴素（Chloramphenicol）。例如：和豐雞場的豐鮮蛋。

無鹽奶油？我不選乳瑪琳、酥油和白油，原因是含有反式脂肪，且在常溫中可放幾年的不健康油脂，還有防腐劑。今年中秋節前爆發的地溝油事件，烘焙考試允許添加的白油、雪白油等混油，反倒讓奸商有機可趁。關於製作烘焙的油品，我建議還是優先選擇進口奶油為佳，例如：少加工、天然的法國 ISIGNY A.O.P 產區限定發酵奶油，不是所有的無鹽奶油就沒問題，有些含有防腐劑，仔細看過成分內容才是最好的。

其他添加劑，包括化學改良劑、益麵劑、乳化劑、人工香料香精、SP 粉等等，都是我強烈建議絕對不要添加的。

你想過什麼樣的生活，從食材選擇起；

每拿起一種食材，記得讀清楚食材包裝背後的所有成分，如果含有不解其意的成分，我建議還是將食物或食品放回架上。

當人工添加變成烘焙作業的公式

這些年來，消費者被許多的烘焙業者所蒙蔽，能吃到真正的原味麵包（只有未漂白麵粉、水、酵母及鹽）少之又少，誤以為美味的麵包就應該是有人工添加劑的味道。從上游烘焙材料供應商開始研發各種人工添加劑，這真是一場大災難啊！

幾年前，我曾在網上查詢某國立大學食品科學系的丙級烘焙執照考試的實習課程，居然使用烘焙材料行老師出版的書籍作為教材，並且將麵糰加入改良劑列為正確程序之一！後來我才知這是國內烘焙乙級、丙級考試必加材料之一。如果學校教育的烘焙課程，也是如此不求甚解的話，更遑論麵包師傅師徒相傳制，一代代傳下不知其所以然的過程。今年年初因美國 SUBWAY 被查出麵包添加改良劑而鬧上新聞，而台灣市面上有許多烘焙業，加入改良劑來製作麵包。

當消費者愈來愈習慣人工添加劑的味道時，只會選擇更多人工添加劑的麵包。而真正的原味麵包，其實是比人工添加劑的麵包更香、更美味！只不過消費者一旦習慣市面上的人工添加劑麵包後，就不再想吃真正原味的麵包。甚至重新吃到原味麵包的時候，

也吃不出原味麵包的好滋味，大約得適應半年一年，消費者的味覺及嗅覺才能恢復。

添加人工化學物質的食物，不僅對人體健康有害、破壞食物天然風味，事實上，在製造的過程中，也對地球環境造成很大的損害。除了麵包，其他比如各種農產品、畜產品，如今的生產與消費都有同樣的問題。

所以，我自己做麵包、或是盡量使用對地球環境比較不會造成損害的產品，並不是一般人所說的「怕死」，而是我們生在這個地球上，就對地球負有一份責任。套句《用心飲食》（珍古德著／大塊文化）的內容，我們要一起抵制不好的食物，雖然力量很微小，但是漸漸地會有一股好的力量產生。加油！

羊拒絕合法和非法的人工添加劑
好吃背後的陷阱

我想寫這件事已經好幾年了，但是每次都很掙扎，或許有人覺得羊在嚇大家，其實這都是當今台灣的食品問題和危機，如果我們不警覺和挑選過，很容易落入「好吃」的陷阱，譬如：消費者要 Q、要香、要脆、要軟、要任何喜歡吃的口感和味道，通通可以「調」出來。

就像毒澱粉事件，報載：「名廚阿基師鄭衍基説，製作粉圓、粄條的樹薯粉和在來米粉，每公斤各約五十元、七十元。台師大化學系教授吳家誠説，相較順丁烯二酸酐毒澱粉每公斤不到十元，價差四到六倍，後者是樹脂等化學黏合劑原料，根本不能吃，黑心商人以此賺黑心錢，早是業界不能説的祕密。」

以前羊在台北工作時，公司同事經常買珍珠奶茶，羊也喜歡珍珠奶茶，當時不覺得有何異樣，咕嚕咕嚕一下子就喝完了。直到這些年回到南投，前幾年也喝珍珠奶茶，但不常喝，偶爾才買一次，不過幾乎無法喝完一杯，總覺得喝到一半便噁心想吐，我就放

著另一半，想晚點再喝。過了四個小時，將飲料上方的塑膠膜撕開，好取拿珍珠，沒想到一股刺鼻的洗水彩筆味湧上來（羊國中時上完美術課，洗了水彩筆那一桶水的味道，特別強烈！），從那天起，我再也不喝珍珠奶茶！

什麼味道都可以被調出來的時代

後來我查了珍珠奶茶，為何加了奶粉會變成這股化學味？其實珍珠奶茶加的是奶香粉，不是奶粉，因為奶香粉比奶粉便宜很多。奶香粉剛調好時，非常香，任何人都喜歡，加得愈多愈香愈濃，顧客一定會回頭購買。那奶香粉可能還會出現在哪兒呢？大家想想，有鮮奶味的食品，都有可能，譬如：鮮奶饅頭、鮮奶吐司等等。如果直接添加奶粉，味道絕對不可能這麼濃！羊每周二爬溪頭，回家前總會見到很搶手的賣饅頭車前來，大家搶著買鮮奶饅頭邊説，牛奶味道好足夠啊！我靠近一聞，那是奶香粉的味道，同車為了健康而爬溪頭的退休人士每周都買，我真不知該怎麼説？

某日羊在網上找食材,找到某烘焙材料行。看到網站旁的分類有食品添加劑,我很好奇,現在的人工添加劑、人工香料、人工香精到底進化到哪種程度?

下列皆是:

桂花／雞蛋／養樂多／薄荷／檸檬香精
青蘋果／哈密瓜／綠茶／咖啡／巧克力香料
煉奶香精
芋頭香料
沖繩黑糖／鳳梨／芒果／薰衣草香料
黑糖香料
冬瓜茶香料
杏仁精
椰子油
香草／杏仁／鳳梨油
北海道牛奶香料
香草油
香蕉油
各種色素色膏
芋頭粉等粉末

這些都是合法添加劑,也就是我們習以為常的食品味道,市售商品有許多都是人工添加劑調出來的。縱使名字有「油」的,譬如:鳳梨油、香草油、香蕉油、椰子油等,注意看其英文名為 flavor 或 essence,這些都不是天然食物,也不是這些食物萃取的,皆是合法的人工化學添加劑。有人說這是食品級,當然是食品級的,而且還是合法的,可以公開販售,但我們的身體吃了、喝了這些人工添加劑後,真的好嗎?

這些合法的人工添加劑,到烘焙材料行瞧一瞧,都是合法添加和販賣。如果您不做任何烘焙品,您就不會知道這些事,有空去烘焙材料行看一看吧!我懷疑市面上只要流行任何烘焙品,上游廠商絕對有辦法做成更便宜、最速成的人工添加劑,而且這些都是合法的。

之前一位烘焙師傅曾說:「接過五百個蛋糕訂單,徒手抓 SP 粉做蛋糕,半天後,手是紅腫的。」我好奇 SP 粉到底是什麼?為什麼蛋糕不只是雞蛋做的?還需要其他人工化學添加劑?上網查,無論是路邊賣雞蛋糕或是蛋糕店賣的又綿又軟蛋糕,都有可能是加了 SP 粉,消費者已經習慣被餵食又綿又軟的蛋糕,再也無法吃小時候質地粗糙的蛋糕了。甚至許多蛋糕烘焙書,不忘提醒讀者加入 SP 粉。想吃沒加 SP 粉的蛋糕,只能自己做了。

看完這些,您一定會問我:到底能吃什麼?如果可能的話,盡量自己選擇食材,自己動手做。不要相信大團體幫您篩選的食材或食品,有時候不是我們所想像的。電視上曝光愈多的團體,您愈要小心他們的產品。

Chapter

2

烘焙開啟的新生活

改變自己的生活

從羊做地瓜圓開始

之前做過一個夢，夢到自己吃了好多人工添加物的食品，嘴張得很大，舌頭不斷向外吐，像極了夏天口渴的小狗！

睡醒後仔細想想，新聞報導市售的包裝乾麵條，半數都有防腐劑及人工添加物，且大都沒老實寫在包裝袋上，消費者也誤以為這些麵條是安全無虞的。

這些都還是有包裝的食物，若在菜市場購買的散裝食物或是更便宜的食物，恐怕更難了解食物真正的來源。而每當有食物被驗出防腐劑時，大家總一窩蜂的暫時不吃，廠商也信誓旦旦地說明此批食物已被銷毀。但是，衛生單位敢同一時間驗出所有的食物，將所有食物的檢驗報告列出來嗎？我想，他們絕對不敢！

還記得二十年前，電視新聞播出黑心食物的新聞，當時正在吃公司的便當，同桌的同事面面相覷，直到有人開頭說了話：「吃吧！反正哪個食物沒問題。」大夥兒好像找到了台階下似的，低頭繼續扒飯，好像所有的事都沒發生過。

地瓜不能說的祕密

那陣子毒澱粉做成地瓜圓的新聞不斷地重複，讓貪吃羊突然很想吃地瓜圓……但是市售地瓜圓太危險，還是自己做吧！幾年前羊到桃園復興鄉參訪農友，農友說了一個讓我完全笑不出來的故事。他說：「有一回到阿嬤家，看到屋內廚房角落放著的地瓜想吃，阿嬤警告不能吃，因為地瓜是來毒老鼠的。」為什麼？農友接著說：「土裡一年下兩次『好年冬』，能吃嗎？」

我們都知道地瓜很養生，烤地瓜、蒸地瓜，連皮一起吃更營養，報章媒體總是這麼說，但沒人告訴你，好年冬總是先埋在土裡。所以想要做地瓜圓得先選好食材，我選了大同有機農場的有機地瓜。

我查了做地瓜圓的材料：地瓜、番薯粉、太白粉、水和二砂糖。番薯粉最近不是很紅嗎？查出來幾乎全部中獎。市面上的番薯粉大都是樹薯粉製成的，便宜、口感不Q，因此又多了那些恐怖的化學添加劑。但總有堅持自己想法的廠商，某商店銷售的番薯粉，黃色包裝，上頭寫著：「採用台灣嘉南平原土生土長的番薯，番薯原料通過農藥檢測，古法手工製作、無漂白、無防腐劑，純番薯粉未經修飾。」以前我看不懂最後那一句：「純番薯粉未經修飾」，現在懂了，原來那就是業界的祕密啊！

動手做，
天然無添加的地瓜圓！

材料

有機地瓜	1 斤
水	60 毫升
二砂糖、番薯粉	適量

做法

1　先將有機地瓜洗淨，連皮切塊蒸熟，待涼，搗成泥。

2　加入約 60 毫升的水，拌入適量的番薯粉，讓地瓜泥不要太軟，稍微成形，不要散掉即可（番薯粉加愈多愈 Q）。

3　再依個人口味加入二砂糖（想吃甜一點，多加一點，就不用再煮糖水了）。

4　最後搓成小圓，大小就像湯圓一樣，一時吃不完的可以凍起來。

5　再取一鍋裝水燒開後，放入地瓜圓，怕黏在鍋底，稍微用杓子推一下，水滾、地瓜圓浮起後，以中火再煮約 3 分鐘，撈起待涼，即可食用。自己做的地瓜圓，放心又好吃喔！

七天六夜的考驗

從零開始的法國普瓦蘭麵包
(Poilâne-Style Miche)

七天六夜能做什麼？可以搭乘西伯利亞火車，從海參崴一路往西到莫斯科，然後搖搖晃晃地下車。當然也可以做法國普瓦蘭麵包，從培養天然酵母開始製作，直到烤好出爐共費時七天六夜！

2001 年 10 月下旬，羊在《民生報》讀了關於法國普瓦蘭麵包的消息，普瓦蘭先生即將來台，信鴿書店為他的中文新書舉辦簽名會。可惜的是，當我看到這則新聞時，普瓦蘭先生已經離台，簽名會當然沒趕上，之後反倒是讓我開始瘋狂地搜集關於普瓦蘭先生的消息及普瓦蘭麵包的做法。

法國普瓦蘭麵包到底有何神祕之處，值得我大費周章的找尋相關消息？

首先，普瓦蘭先生描述他年輕時，總是黎明即起，在地下室製作麵包，直到窗口透進些微亮光，此時麵包已烤好，他走到窗邊，透過窗口看著屋外，想像著一天的生活。

再者，凡是普瓦蘭麵包都堅持只用窯烤，絕不用一般電烤箱。當普瓦蘭麵包開始銷往世界各國時，只用空運快遞宅配。

最後，普瓦蘭麵包是故法國總理密特朗每回出訪必帶麵包。

光上述幾點就足以讓我這個麵包迷羨慕不已。普瓦蘭麵包一定有其迷人之處，否則為何密特朗每回出訪必帶著它們？窯烤麵包對我來說，一直是神祕的國度。麵包流傳幾千年來，始終用窯烤，電烤箱算什麼呢？甚至我還買了幾本關於如何造窯的書籍，該怎麼蓋窯心裡也有個底，重點是該蓋在哪裡才是個大問題！我的透天屋頂想做成烏茲別克茶屋，已經種上兩棵葡萄樹，我還妄想買真正的蒙古包放在頂樓，現在還想在頂樓蓋窯烤麵包，這該如何是好呢？至於普瓦蘭先生描述烤麵包的心情，只要烤過麵包的人想必都可以體會。

2001 年 12 月下旬得知普瓦蘭先生的最新消息，居然是普瓦蘭夫婦搭乘自家的小飛機前往法國某個小島度假途

中墜機身亡。身為一個麵包迷，2001
年 10 月我沒趕上普瓦蘭先生台北的簽
名會，之後，我再也沒機會見到他了！

出乎意料的漫長試驗

我從未上過任何一堂烘焙課，做麵包
全憑一股熱情和毅力。當我找到普瓦
蘭麵包的食譜時曾經興奮了好幾天；
也曾因研究普瓦蘭麵包食譜而感到挫
折，甚至想放棄這麼困難的麵包做法。
我闔上書，將它丟在一旁，當時完全
不想再碰任何麵包，難道我需要因為
興趣而把自己搞得很痛苦嗎？但我的
內心深處其實還是很愛麵包的。

同時，我又悄悄地打開另一本麵包書
《Home Baking》，試著暫時放空，不
料書中「葡萄牙山中阿嬤黑麥麵包」
的照片深深吸引著我，於是我跟著葡
萄牙山中阿嬤悠遊了五天四夜的麵包
世界後，終於茅塞頓開。我體會到這
就是歐洲製作多年的麵包手法，這就
是歐洲的生活麵包！

於是我終於做好準備，開始製作七天
六夜的法國普瓦蘭麵包，因為普瓦蘭
麵包僅藉由有機石磨黑麥麵粉培養的
黑麥種製作而成，不再添加任何其他
酵母，所以製作過程中只要天氣不佳，
隨時都可能功虧一簣。天然酵母發酵，
每天都有一定的發酵標準，只要未達
發酵標準，整桶天然酵母得全部拋棄，
從頭再來。更何況當時我沒有發酵箱，
發酵溫度只能憑感覺放在適合的地
方，的確是需要一些運氣。

法國普瓦蘭麵包製作步驟如下：
1. 黑麥菌種：費時 4 天。
2. 天然酵母：費時 6 小時。
3. 酵母起種：費時 1 天。
4. 最後麵糰：費時 1.5 天。

我想全心全意製作法國普瓦蘭麵包是
需要的，再加上此次運氣不錯。原本
一個普瓦蘭麵包重約 2 公斤，我的家
用旋風烤箱無法烤如此龐大的麵包，
於是在完成發酵後分成四個小型普瓦
蘭麵包，如果有窯可烤的話就更完美
了！歷經七天六夜，我也露出倦容，
雙手捧著出爐的法國普瓦蘭麵包合
照，略帶蒼白的臉滿意地笑了，閃光
喀嚓一聲！我終於完成了！腦海中浮
現普瓦蘭先生剛烤完麵包走到地下室
的窗邊，透過窗口的亮光看著屋外，
想像著一天的生活。

後記

這些年我一直密切注意法國普瓦蘭麵
包店的進展，普瓦蘭先生去世後，其
女兒艾波蘿妮亞幫忙完成父親的遺著
《Le Pain par Poilâne》（普瓦蘭麵包
之書）。多年前我託親戚從英國倫敦
帶回《Le Pain par Poilâne》一書，雖
然是法文版，但我知道總有一天我一
定能看得懂！沒想到 2011 年居然出
版了《普瓦蘭麵包之書》（中文版），
哈哈！我終於看懂了。

普瓦蘭麵包網站：
http://www.poilane.fr/index.php?passer=1

法國普瓦蘭麵包

A 黑麥菌種（費時 4 天）

第一天
DAY ONE

材料

有機黑麥麵粉 1 杯　室溫水 3/4 杯

做法

將兩者混合平均，不要擔心麵糰太硬。放入大量杯內，並且在量杯外做上記號，蓋上保鮮膜，放在室溫中 24 小時。

第二天
DAY TWO

材料

有機黑麥麵粉 1 杯　室溫水 1/2 杯

做法

第一天的發酵麵糰並沒有發酵得很大。用手或木匙將有機黑麥麵粉和水再加入第一天的麵糰中，混合平均。這個麵糰將比第一天的麵糰還要潮濕，將麵糰再放入大量杯內，並且在量杯外做上記號，蓋上保鮮膜，放在室溫中 24 小時。

第三天
DAY THREE

材料

有機黑麥麵粉 1 杯　室溫水 1/2 杯

做法

注意發酵麵糰只有多出原來的一半大。將一半的麵糰拋棄或給朋友，繼續第三天的發酵。用手或木匙將有機黑麥麵粉和水，再加入第二天的麵糰中混合平均。這個麵糰將比第二天的麵糰還要潮濕，將麵糰再放入大量杯內，並且在量杯外做上記號，蓋上保鮮膜，放在室溫中 24小時。

第四天
DAY FOUR

材料

有機黑麥麵粉 1 杯　室溫水 1/2 杯

做法

發酵麵糰最少是原來的一倍大，更多更好。如果麵糰發酵緩慢而未達標準，可再繼續放置 24 小時。發酵麵糰變成原來的兩倍大也是可以的。
重複第三天的步驟，將一半的麵糰拋棄，繼續第四天的發酵。用手或木匙將有機黑麥麵粉和水再加入第三天的麵糰中，混合平均。將麵糰再放入大量杯內，並且在量杯外做上記號，蓋上保鮮膜，放在室溫中 4 至 24 小時。發酵最少原來的一倍大。

B 天然酵母（費時 6 小時）

材料

高筋麵粉	3.5 杯
室溫水	2 杯
黑麥菌種	1 杯

做法

剩下的黑麥菌種可以給朋友，繼續做自己的天然酵母。將高筋麵粉、水、黑麥菌種混合平均，蓋上保鮮膜，大約發酵 6 小時。

C 酵母起種（費時 1 天）

材料

天然酵母	1 杯
過篩有機全麥麵粉	2 杯
室溫水	大約 1/2 杯

做法

天然酵母、全麥麵粉、水混合平均，揉麵約 3 分鐘。麵糰表面塗油，放置在已塗上油的盆中，蓋上保鮮膜，直到發酵成原來的一倍大。放入冰箱冷藏隔夜。

D 最後麵糰（費時 1.5 天）

材料

有機全麥麵粉過篩 7 杯、鹽 3 又 1/4 小匙、溫水（32 至 37.7℃）大約 2 杯至 2 又 3/4 杯、全部的酵母起種

做法

1 使用酵母起種前 1 小時，將其冰箱冷藏中取出。以小刀切成 12 個小麵糰，蓋上毛巾或保鮮膜放置 1 小時，待其回復室溫。

2 酵母起種加入全麥麵粉、鹽，最少 2 又 1/4 杯的溫水。揉麵糰 12 到 15 分鐘，繼續調整麵糰為柔軟但是不黏的麵糰。麵糰拉成薄膜時，能通過「薄膜試驗」（即麵糰拉成薄膜狀也不會破掉）。

3 麵糰抹油放置在抹油的盆中，蓋上保鮮膜，最少發酵 4 小時或直到變成原來的一倍大。

4 分成 4 個麵糰，塑成圓球狀。蓋上毛巾或保鮮膜，發酵成原來的一倍半大。約三小時，或放在冰箱冷藏發酵隔夜。

5 若放在冰箱冷藏發酵需提早 4 小時取出。

6 烤箱預熱 250℃，約 20 分鐘。烤前 10 分鐘，小心的將麵糰上的保鮮膜或毛巾取下。

7 麵糰上撒上全麥麵粉，將麵糰放入烤箱中，同時將 2 杯熱水倒入烤箱內底盤，關上烤箱門，將烤箱溫度降至 230℃，烤 25 分鐘。

8 將麵糰取出轉個方向繼續以 220℃，烤 30 分鐘。麵包將烤成深棕色，如果發現快烤焦時，可在麵包的表面蓋上鋁箔紙。烤完靜置待涼最少 2 小時。

見識麵包中的極品

五天四夜葡萄牙山中阿嬤黑麥麵包
(Portuguese Mountain Rye)

十多年前，某日周末午後，當時我看完《里斯本的故事》，緩緩地步出真善美戲院時，抬頭看著戲院外的陽光，立下志願總有一天一定要去葡萄牙！七年前，我帶著二姊一家四口到西班牙東部自助旅行，因假期有限，再次與葡萄牙擦肩而過。

六年前，當我開始研究七天六夜法國普瓦蘭麵包如何製作時，因經驗不足導致製作過程挫折不斷，甚至不想再做麵包。

直到翻閱 Jeffrey Alford and Naomi Duguid 合著的《Home Baking》，這本食譜最吸引我的，是三位葡萄牙阿嬤正在石窯前烤麵包的照片，另一張則是放在石窯旁已經烤好的黑麥麵包，數個深咖啡色扁平麵包上頭，還留有白色麵粉的痕跡，最有趣的是每個麵包上面都放上了一個小鉤子，我猜應該是方便掛在牆上吧！

兩張照片的吸引下，好奇心促使我開始閱讀麵包背後的故事。當我讀完後，

莫名的感動久久不能停止，也讓我回頭重讀七天六夜法國普瓦蘭麵包如何製作，竟然全都豁然開朗。我經常在想，做麵包絕非單純跟著食譜做而已，每個麵包都有自己的故事，麵包本身可能已經製作了數百年甚至上千年，有地域和歷史的傳承，也包含烘焙者所延伸出的故事。了解故事後再做麵包，突然有一股無比的力量支持著我，直到完成為止。

我一直很喜歡 Jeffrey Alford and Naomi Duguid 出版的所有旅行食譜書，能寫、能攝影、能做麵包。這對夫妻寫出對旅行的深刻感受及對麵包的熱情，能拍出不只是商業朦朧美的食物，而且還有當地拍得極好的風景人物照，而且 Jeffrey Alford 本身就是一位麵包師傅。

回味里斯本之夢

六年前，我曾試做葡萄牙山中阿嬤黑麥麵包，那時烤完麵包十分緊密，我猜應該是失敗了！這幾天，氣象預測

白天平均氣溫大約 25 至 29℃，正適合做葡萄牙山中阿嬤黑麥麵包，於是決定一試！使用德國有機黑麥麵粉，跟著書中的步驟小心謹慎地做，非常希望能成功。從培養黑麥種到烤好麵包歷時五天四夜，當我看著滾動的麵糊送進烤箱，在高溫下慢慢成形，再對照書中的照片，這次肯定是成功了！

至於那「滾動的麵糊」是怎麼一回事？葡萄牙山中阿嬤黑麥麵包發酵時間長達五天四夜，永遠都是黏糊糊的「麵糊」，而非平日做麵包固定的「麵糰」。當我所見麵糊送進烤箱的那一刻，只有「瞠目結舌」四個字能形容。如果在葡萄牙山中阿嬤的石窯中烤麵包，一定更精彩了。

麵包烤完待涼慢慢品嘗，我先拍掉麵包表面多餘的麵粉，拿取麵包鋸刀，小心地切成塊狀，最讓人陶醉的是，手指留下的香氣久久不散，連麵包表皮上的黑麥香，都香得非筆墨足以形容。吃下的那一瞬間，滿嘴的黑麥香，帶著淡淡的黑麥酸味嚥下，齒頰生津，

回味無窮啊！這是我吃過最最好吃的黑麥麵包了，真是太佩服葡萄牙山中阿嬤們。最後想說的是：「葡萄牙山中阿嬤們徹底打敗法國普瓦蘭老先生了！」

這些年來，為了體會葡萄牙的飲食，我做過多種葡萄牙麵包和菜餚。去年六月，《里斯本的故事》電影主唱泰瑞莎（Teresa Salgueiro）首次來台演唱會，現場重新聽著泰瑞莎的歌聲，特別震撼，回首十多年來的轉變，羊激動到淚流滿面。演唱會結束，主持人宣布會後有泰瑞莎的簽名會，羊從未追星，這是第一次拿著節目手冊，魚貫排在人群中，泰瑞莎非常客氣地和觀眾一一合影，在簽名的同時，我激動地告訴她：「我哭了！」她笑著說：「希望有個好理由。」很開心能見到她！

葡萄牙山中阿嬤黑麥麵包
Portuguese Mountain Rye

A 液種

材料

水	1/2 杯
新鮮酵母	1 小撮
高筋麵粉	1/2 杯

做法

水、新鮮酵母、高筋麵粉攪拌均勻，蓋上保鮮膜，待發酵 36 小時。

B 黑麥種

材料

水	1 杯
德國有機黑麥麵粉	2 杯

做法

1. 將液種加入水及德國有機黑麥麵粉，攪拌均勻。
2. 輕蓋上保鮮膜，留一小洞勿蓋緊，待發酵 24 小時。
3. 黑麥種發酵完成後，再放到冰箱冷藏 24 小時。

C 主麵糰

材料

德國有機黑麥麵粉	3 杯
有機全麥麵粉	1 杯
水	4 杯
鹽	1 大匙
	+1 小匙
高筋麵粉	2 杯

做法

1　從冰箱拿出黑麥種,過了四小時後,倒入攪拌盆內,將德國有機黑麥麵粉、有機全麥麵粉平均撒在黑麥種上方,不要攪拌!蓋上毛巾直到隔日早上(你將看到黑麥種穿過兩種麵粉冒泡泡)。

2　在烤前 3 小時,加入 3 杯水及 1 小匙的鹽,用**擀**麵棍或木匙攪拌全部的混合物,直到光滑。丟掉 2 杯的混合物(或冷藏起來,下次再使用)。

3　加入剩下的 1 杯水,再撒上 1 大匙的鹽及 2 杯高筋麵粉,攪拌平均,如果需要的話,可以加入更多麵粉(麵糰是潮濕的,並且有一點點黏)。

4　先用保鮮膜蓋好,再蓋上毛巾,讓麵糊放在 24℃ 處發酵 3 小時,麵糊小於兩倍大

5　預熱烤箱 250℃(約半小時)。在麵糊表面撒上麵粉,麵糊分對半(手感將是黏的),手上沾有麵粉,將麵糊移到內有麵粉的攪拌盆內。在麵糊表面及烤盤紙上撒上一些麵粉。

6　將麵糊倒在烤盤紙上。麵糊表面再撒上一些麵粉。降溫到 230℃,烤 46 分鐘(烤完敲敲麵包上下,聽到有中空的聲音,表示烤好了)。

7　烤完待涼,再拍掉多餘的麵粉。

Chapter

3

溯源東西方老食譜

實踐真正無人工化學添加

回到最源頭找老食譜

為了尋找最原始天然、沒有人工添加的麵包點心,羊開始思考到底該去哪裡找這樣的食譜呢?還記得小時候吃的麵包蛋糕,味道很天然,但質地很粗糙。反觀市面上的麵包蛋糕,千篇一律都是又白又軟,質地綿得不得了,如果店家銷售又粗又硬的麵包蛋糕,肯定沒人買。想起小時候買手掌般大的海綿蛋糕,質地很粗,蛋味很濃而不腥;現在市面上還是有同樣的海綿蛋糕,質地變得更綿密,完全沒有蛋味,有時還多了一股刺鼻的人工香精味。

現代人的食物追求所謂的「美味」和降低成本,快速地養出種出需要的食物來,因快速的飼養和種植,已經無法從食物中找回原本的味道,為了復原原本的滋味,商人加諸於食物的方法,就是攪入人工化學添加劑。我突然想起二十年前在非洲模里西斯工作的經驗,參加印度裔員工的婚禮,結束後收到餽贈的小禮物——質地很粗、味道天然的小蛋糕。另外,在俄羅斯

旅行時買的蛋糕,也是質地很粗,但好吃到沒話說!

只有往回找最源頭的食譜,才能找到最原始天然、沒有人工添加的食譜。當我追尋西方的烘焙食譜書時,多了這項任務,唯有找到這些食譜,才能知道遠古時代的人如何做出麵包點心,探尋無人工添加物食材做出的真味道。

從古人的飲食中習得真滋味

五千年前埃及人做麵包的方法,今天我們照樣做得出來,什麼亂七八糟的東西都不用加。為了尋找最古老的方法烘焙麵包點心,我開始努力找古老食譜。獅子幫我找到的第一本食譜《The Bread Baker's Apprentice》,開啟了我的烘焙視野。

我的烘焙烹飪自學之路,完全沒有極限,端看我想走到什麼樣的境界。中式古代的食譜書流傳下來的雖然不

多，不過還是能找到些簡體版的老食譜。我運氣很好，至少我還能閱讀距今幾百年前的食譜，而且更認真地鑽研其中。

我習慣在美國或法國的亞馬遜網路書店購買各國麵包書籍，或是上美國 eBay 購買二手麵包書，尤其是百年老食譜，例如，許多不肖子孫銷售拋棄其阿嬤的烘焙祖產，我特別喜歡。因為只有從這些老食譜才能看出，真正的麵包點心是如何做出來的。拜這麼多本食譜及網路之賜，可以輕易找到全世界所有的麵包資訊。同一種麵包，決定何種做法，全靠自己多方比較再選擇。

例如，德國聖誕蛋糕，各家有各家的做法。各國廚藝學校也有自己的配方，有些食譜從德國傳到日本，再從日本傳回台灣，早已變了樣。所以我選擇德國傳統麵包書內的食譜，用道地的做法製作。自學烘焙書的好處就是不用擔心因為師承哪一國麵包師傅而受限，想學哪一國就有哪一國道地的食譜。

至於中式食譜，我閱讀了從元朝和清朝流傳下來的飲食書籍，譬如：元朝的《飲膳正要》（忽思慧著）、元朝的《飲食須知》（賈銘著）、清朝的《隨園食單》（袁枚著）和清朝的《養小錄》（顧仲著）。在這些飲食敘述中，開始了解古代的人到底過著什麼樣的生活，沒有冰箱的日子，又如何找到生活飲食的樂趣呢？其中有王公貴族的食不厭精、膾不厭細和平民老百姓的日常飲食，而清朝的《養小錄》，就是一般人的飲食生活。

《養小錄》我最記得一段：「將磁碗倒入自家採收的蜂蜜，再將自家栽種的茉莉花採下，放在磁碗中，蓋上磁碗。放一個晚上，隔天再沖入冷水喝下。」真是好愜意的生活。

再者選擇烘焙書時，不要局限自己只買烘焙食譜書。例如：工業用酵母的書，《廚房里的哲學家》（簡體版／法國十八世紀的作者布里爾薩瓦蘭著），和流傳了幾世紀各國鹽巴的故事《鹽生命的食糧》（簡體版），這些都能增加烘焙的專業和樂趣。

自學烘焙書其實是很有趣的，我每次出國旅行，最想去的就是當地的菜市場，看看當地人過著什麼樣的生活，吃什麼樣的食物。其次想去的是當地的書店，書店能讓我大有斬獲。我一直認為，做麵包能滿足自己對旅行的想像，不論去過與否。去過的國家，經由做麵包來勾起美好的回憶；沒去過的國家，經由麵包所勾勒出的未來藍圖便更想去了。

重現麵包活化石

製作兩百四十年前的法國古法麵包
(Gannat Cheese Bread)

嘿嘿～各位，我找到兩百四十年前法國的古法麵包了。照片上的麵包，絕對不是我挖出來的麵包化石，這是我遵循古老的法國食譜做出來的。

Bernard Clayton. JR. 先生在 1970 年旅遊全法國，拜訪當地有名或不為人知的麵包師傅，並且記錄當地有名的各種麵包，書中作者提到在法國中部的小鎮 Gannat，有一種距今約兩百年的古法麵包，再加上此書已經出版四十多年，所以年代約是 1769 年左右，我突然覺得很興奮，這些麵包未必能在當地流傳下去，有些麵包也許不再有師傅製作了。

我先問了博學多聞的獅子：「1769 年的法國，已經法國大革命了嗎？」

獅子答：「還沒。那時的法國還有國王呢！」

哇！因為一個兩百四十多年前的老食譜，居然讓我萌生許多想像空間，當時的麵粉一定是石磨磨出來的，而加入純手工打出來的大量奶油和從東邊由駅獸遠道運來的瑞士乳酪，如果不是有錢人家，誰能吃得起這麼豪華的麵包呢？

每個人的生命是有限的，活過一百歲的人就可以稱為人瑞，但也不是人人都能當人瑞。從我開始自學麵包，經常思考著如果能夠知道東、西方古代的人到底吃的是何種麵包和點心，那該是多麼愉快的一件事，而不是鎮日追尋麵包口感多綿密、孔洞多大等話題。又有誰能夠見到兩百四十年前的麵包呢？趕緊來做吧！

麵包連結了我和全世界

Gannat 是位在法國中部的一個小鎮，一般的法國地圖找不到。我邊做麵包邊找地圖，衝進教室找到國家地理雜誌出版的一本全世界地圖冊，終於在中部 Vichy 的西邊找到 Gannat 小鎮。

為了追尋古法，製作過程我不用攪拌機，直接用手揉麵糰。作者提到如果要用兩百年前的食譜，不用平時製作麵包使用的乾酵母和兩大匙的溫水，取而代之的是在塑形前要多發酵兩小時。期待已久的麵包，烤好出爐一看，好像大甲的奶油酥餅！味道呢？就像獅子說的：「這麼多奶油奶酪，還能不好吃？這個再不好吃，就沒別的算得上好吃了！」

兩百四十年前的法國古法麵包
Gannat Cheese Bread

材料

未漂白中筋麵粉	4.5 杯
有機海鹽	1 小匙
（如果能用法國岩鹽更好）	（約 5 克）
雞蛋	6 個
無鹽發酵奶油	30 克
愛曼塔（emmental）乾酪	
或格魯耶爾乳酪	200 克
（刨絲或擦碎）	

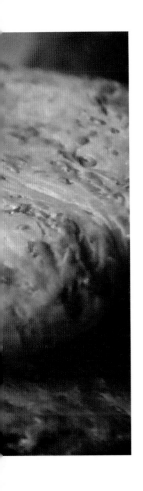

做法

1. 1 杯中筋麵粉加上 1 小匙鹽。

2. 加入蛋，一次一個。攪拌均勻，麵糊呈濃稠的糊狀。

3. 加入切成小塊的奶油，攪拌均勻，再慢慢加入麵粉，每次半杯，先用木匙攪拌成型後再用手揉。麵糰油脂豐富但不黏手。

4. 繼續揉 5 分鐘，收圓，在表面加入麵粉。

5. 將麵糰壓成扁圓形，撒上刨絲或擦碎的乳酪。

6. 繼續揉 5 分鐘，讓乳酪布滿整個麵糰。

7. 麵糰放入盆中，蓋上保鮮膜，放在溫度 24℃ 處，約 3 小時，直到膨脹為一倍大小。

8. 將麵糰分成兩個，塑成扁圓形（直徑 26 公分，厚約 1 公分）。

9. 先預熱烤箱 200℃。將扁圓形麵糰放在烘焙紙上，放在 24℃ 處，繼續發酵半小時。

10. 麵糰放入烤箱，以 200℃ 烘烤約 40 分鐘。烘烤完注意表面是否產生斑點（有點黃棕色），翻轉底部為深棕色，表面用手指摸起來是堅硬的。

11. 將麵包放涼，冰凍保存或烤熱再吃更好。

從懷舊的食譜中回歸天然

製作法國古法石板麵包
（Le pavé d'autrefois）

「法國古法石板麵包」的食譜，我讀了好久了，但因有些材料缺乏，只好繼續等到買齊的那一天才動工。

為了做這款麵包得用法國 T55 麵粉，剛好網路商店銷售小包裝 T55 的麵粉，於是我買了幾包試做。T55 麵粉做成液種（Poolish）時，味道很香，有股綠豆仁的香氣。之前鎖定好幾家賣有機蕎麥粉的廠商，好像都不進貨了，最後在網上找到自然農法蕎麥粉。

想像幾百年前的法國，如何用自家栽種的無農藥小麥和穀物，以石磨磨製成麵粉，用最簡單天然的方式，做出每日必吃的主食。我很喜歡懷舊的食譜，可以勾勒出當時飲食的習慣和生活的方式。現在栽種小麥、穀物時噴灑的農藥和製作麵包時的各種人工化學添加劑，都是幾百年前的法國人想像不到的可怕發展。如何反璞歸真，回到最天然的方式，的確是現代人最該學習的功課。

攪拌麵糰時，傳出陣陣天然麥香，我知道這是個非常好的麵糰。待烤好時，更是驚為天人，不不，應該是驚為天「包」！很濃很足的麥香和穀物香，絕不是那些充滿農藥和人工香料香精的假麥香可以抄襲的。

有人經常問我培養「天然酵母」和做出天然酵母麵包的方法。天然酵母麵包，如果沒經常做麵包，其實只是不斷地餵養天然酵母和拋棄天然酵母罷了，坦白說太浪費了。還不如養簡單的液種，中種或發酵麵種，能帶出真正的麥香，讓歐洲麵包更具有深度和層次感。我希望做出幾百年前真正的法國古法石板麵包，在天冷的時候，我最愛做的就是法國古法石板麵包！

法國古法石板麵包
Le pavé d'autrefois

液種（Poolish）

材料

法國 T55 麵粉	700 克
（法國未漂白麵粉）	
水	700 毫升
新鮮酵母	1 克
總重 1400 克	

做法

全部混合均勻，蓋上保鮮膜，放在 25℃處發酵 12 小時。

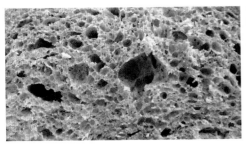

麵糰材料

水	700 毫升
新鮮酵母	18 克
液種	1400 克
法國 T55 麵粉	820 克
（法國未漂白麵粉）	
有機石磨全麥麵粉	210 克
有機石磨黑麥麵粉	140 克
自然農法蕎麥粉	140 克
有機小麥筋粉	70 克
有機海鹽	40 克
總重	3538 克

做法

1. 全部材料混合後，用第一速打 4 分鐘，第二速打 5 分鐘，麵糰完成後測試溫度為 26.5℃。
2. 第一次發酵 2 小時（第一個小時摺疊麵糰一次）。
3. 在帆布上撒上麵粉，將麵糰鋪平，用手指在麵糰上輕壓指痕，小心別讓太多空氣跑掉。
4. 放在 24℃ 處發酵 1 小時。
5. 預熱烤箱 240℃（約半小時）。
6. 入爐前再用刀子切成長條狀。
7. 烤箱 240℃，將麵糰放在石板上烤 35 ～ 40 分鐘（入爐前後各先噴蒸汽 5 秒）。

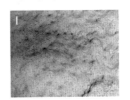

｛ 羊的烘焙手記 ｝

- 材料中的小麥筋粉可增加麵粉的筋度。
- 此處使用的石板，買專業烤箱時可一起選購，一般烤箱沒有。烤歐洲麵包如長棍可直接放在石板上烤。家用烤箱如無石板，可直接放在烤盤上。

食在英國都鐸王朝

重返古代王室盛宴

去年羊致力於減肥計畫，每晚在跑步機上跑著，兩眼直看著 BBC 電視台 Lifestyle，順便背食譜。突然看見曾被選為英國最佳餐廳肥鴨餐廳（The Fat Duck）的米其林三星主廚赫斯頓‧布魯門索（Heston Blumenthal），主持的新節目《赫斯頓的盛宴》，此節目以科學方法重現歷史饗宴，菜色充滿瘋狂創新的意念。

其中有一集，為了復原英國都鐸王朝的菜色，我記得那一道主菜是豬，整隻豬身上還被裝上一對翅膀，這真是太瘋狂了。食物和歷史的關聯密不可分，從當時的食物記載，可一窺當時的物產。羊查了都鐸王朝和亨利八世，英國都鐸王朝存在於 1485 至 1603 間，而亨利八世於 1509 年，從亨利七世手中接過王位，為都鐸王朝第二任國王。

五百多年前英國都鐸王朝亨利八世時期的麵包到底長什麼樣子呢？我愈來愈感興趣，於是在英國亞馬遜網路書店選了此書《ALL THE KING'S COOKS：The Tudor kitchens of King Henry VIII at Hampton Court Palace》（作者：Peter Brears）。書中內容非常有趣，其中以圖文說明都鐸王朝全麥麵包的製作標準作業程序：從選小麥、使用帆布去除麩皮和以鵝毛掃起麵粉；在深木槽內先將舊酸種加入溫水，混合麵糊直到變稠，蓋上布巾發酵隔夜成中種；隔天早上再加上溫水、酵母和鹽做成麵糰；發酵完以天平秤麵糰、塑形、劃刀、放入模中；麵包師傅清理柴燒窯和最後將麵糰送進柴燒窯。天啊！這畫面讓我想起斯里蘭卡 Ella 的百年柴燒窯[1]。

書中除了製作麵包的記錄外，還有五百多年前漢普頓宮、菜餚等描述，讓我重新開啟另一扇窗。這次羊也來復原英國都鐸王朝的燕麥黑麥啤酒麵包和亨利八世的全麥麵包吧！

1 請參考 P.198 遇見斯里蘭卡百年窯烤麵包店。

英國都鐸王朝燕麥黑麥啤酒麵包
Rye, ale and oat bread

材料

新鮮酵母	25 克
水	140 毫升
德國黑啤酒	250 毫升
有機甘蔗糖蜜	50 毫升
（black treacle）	
法國黑麥麵粉	350 克
法國 T65 麵粉	150 克
有機海鹽	10 克
橄欖油（塗抹用）	

總重 975 克

表面啤酒塗料

德國黑啤酒	150 毫升
法國黑麥麵粉	100 克
二砂糖	1 小撮
燕麥片	50 克

做法

1 攪拌盆內加入新鮮酵母、水 100 毫升、糖蜜和黑啤酒 200 毫升攪拌均勻，再加入黑麥麵粉、T65 麵粉和海鹽混合均勻，最後再加入剩下的水和黑啤酒，此時麵糰很黏。在麵糰表面塗上少許橄欖油，繼續揉麵約 10 分鐘，呈光滑有彈性。

2 攪拌盆內表面塗上少許橄欖油，將麵糰放置其中，直到發酵為原來的一倍大，大約 2 小時。

3 同時製作表面塗料。取另一盆，加入黑麥麵粉、黑啤酒和二砂糖混合均勻成一麵糊，放置一旁。

4 將發酵好的麵糰塑成球狀，表面平均塗上啤酒塗料，撒上燕麥片。

5 第二次發酵 1 小時。

6 預熱烤箱 220℃（約半小時）。

7 烤箱以 220℃烤 25 分鐘，後降溫為 200℃繼續烤 10 分鐘，直到表面呈金黃色，敲麵包底部有中空的聲音。放在架上待涼，即可食用。

羊家找不到亨利八世時期的裝飾物，剛好有三十多年前大眼蛙扮成國王和皇后的手帕，正好派上用場。

亨利八世的全麥麵包
Henry VIII's Whole Wheat Bread

材料

新鮮酵母	15 克
水	575 毫升
有機全麥麵粉	800 克
有機海鹽	10 克

總重 1400 克

做法

1. 攪拌盆內，將新鮮酵母溶解在 425 毫升的水裡。再加入麵粉、鹽攪拌均勻（拌成光滑的麵糊即可，不要攪拌過度）。

2. 將攪拌盆內邊邊的麵粉稍微覆蓋麵糊的頂端，攪拌盆上方蓋上布巾，放在 27℃ 處，發酵 1 小時。

3. 再將 150 毫升的水倒入盆中，攪拌均勻成糰。如果需要再加入一點點水。將麵糰揉十分鐘，蓋上布巾，放在溫暖處發酵 1 小時。

4. 翻轉麵糰放在已經撒上麵粉的板子上，揉 3 分鐘。將麵糰分成兩個。

5. 滾圓，放在烤盤紙上，蓋上布巾，放在溫暖處，發酵 30 分鐘，直到變成原來的一倍大。

6. 預熱烤箱 230℃（約半小時），以 230℃ 烤約 35 分鐘。

知味《紅樓夢》

嘗一口松穰鵝油卷

2008 年 5 月，獅羊二人組將到東華大學演講前，獅妹提醒我們，璞石咖啡館樓上有「阿之寶」，有許多手工藝品和特別的醬料，其中鵝油就是必買的項目之一。後來我們沒看到鵝油，這事兒獅子倒是一直掛念著。

直到和神祕魚通電話時，神祕魚又提到了「阿之寶」，其中鵝油又被提出來。當時獅子正倒在沙發上看雜誌《經濟學人》，一聽到鵝油，獅子的眼睛突然亮起來了。她很饞地說：「鵝油可以做《紅樓夢》裡的那道鵝油卷啊！而且自己煉鵝油很麻煩，還是買現成的吧！」好啦，我待會兒再去網購鵝油。

羊想起秦一民的《紅樓夢飲食譜》中提到《紅樓夢》有一道使用鵝油的小點：「賈母嫌那個螃蟹小餃兒太油膩，便到另一個盒子裡揀了一樣蒸食，叫做『松穰鵝油卷』。但也只嘗了一嘗，將剩的半個遞與丫嬛了。」（《紅樓夢》四十一回）

每次看到《紅樓夢》，總會想起高一國文課讀過的〈劉姥姥進大觀園〉。

當時羊就讀台中女中，國文老師要全班推出幾人來飾演其中的角色，班上同學個個才華洋溢，我居然被推選為劉姥姥！（可能我看起來比較老吧！）

羊當時住校，根本無戲服可換。學藝股長自告奮勇回家找到阿嬤的旗袍，要我趕緊換上，而這位學藝股長果然手藝高超，前一晚居然連夜趕工，做出一件店小二的衣服，給自己當戲服。後來這位學藝股長，在高雄某高中擔任地理老師，幾年前還得到 SUPER 教師獎，真是太厲害了。

上網找到高雄「橋邊鵝肉店」的原味黃金鵝香油，火速地買了幾瓶。稍微再看一下大概該怎麼做，因為書中並無詳細做法。麵糰的部分我先以平日做饅頭的做法，其他再自行更改。切好的麵糰，外翻後真像朵玫瑰！蒸熟的松穰鵝油卷，味道真好，鵝油完全滲入麵糰裡，和甜麵糰搭配得恰到好處，再者咀嚼過稍微過一下油的松子，香酥而不膩。我也來做一件店小二的衣服穿上，這樣往後做《紅樓夢》的點心時，應該更能發思古之幽情吧！

紅樓夢松穰鵝油卷

材料

未漂白中筋麵粉	1000 克
二砂糖	150 克
有機海鹽	1 小撮
水	550 毫升
新鮮酵母	30 克
松子	適量
原味黃金鵝香油	適量

做法

1　先在盆中放入新鮮酵母、水、二砂糖、中筋麵粉和鹽，攪拌揉麵均勻，蓋上保鮮膜，靜置發酵約 1 小時（麵粉自行酌量增減）。

2　桌面撒粉，麵糰以擀麵棍擀平，平均塗上鵝油，撒上松子。

3　捲起，再切成小段，每段長約 3 公分。

4　將切段的麵糰翻開成玫瑰花狀，放在烘焙紙上發酵約半小時，再放入蒸籠蒸，大火滾開蒸約 20 分鐘。

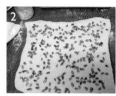

慢讀清朝《養小錄》

品味古代常民美食

清朝《養小錄》是我很喜歡的中國飲食文化叢書之一，由清朝的顧仲所著（浙江人，號浙西饕士），書中分成〈飲之屬〉、〈醬之屬〉、〈餌₂之屬〉、〈蔬之屬〉、〈餐芳譜〉、〈果之屬〉和〈佳肴篇〉七部分，其中「晉府千層油旋烙餅」屬於〈餌之屬〉。比起清朝袁枚先生的著作《隨園食單》，少了富貴人家的飲食風，多了一般平民老百姓常吃、愛吃，甚至如何吃得滿足的想法和做法。

「晉府千層油旋烙餅」原文如下：「白麵一斤，白糖二兩（水化開）入香油四兩，和麵作劑₃，擀開。再入油成劑，擀開。再入油成劑，再擀。如此七次。火上烙之，甚美。」（獅子說，顧仲這個讀書人大概饞壞了，經常說「甚美」、「甚妙」。）

譯文：「白麵一斤，白糖二兩（用水化開），加入四兩香油，把麵和好，做成劑子，擀開。再加入油做成劑子，再擀開。再加入油做成劑子，再擀開。就這樣反覆七次，在火上烙熟，非常好吃。」

本來想照著顧仲先生的做法，但是考慮再三，覺得不妥。因為古語曾說：「君子遠庖廚。」既然君子是不進廚房的，那君子所寫的食譜，可信度到底有多高呢？我之前曾照著《養小錄》做了其中一種「酥黃獨」（是地瓜和果仁拌在一起的食物），但是後來失敗了。可能是作者漏記了或漏聽了某些項目，所以現在我做這些古法食譜，得再自行調整內容和方法。

關於油旋餅，獅子提醒我新疆的《清真小吃》（中國輕工業出版社／簡體版）一書。那是十二年前我常做新疆拉條子（新疆拌麵）時用的食譜書，整本快被我翻爛，之前覺得難做的某些清真小吃，隔了幾年再讀同一本食譜，反而覺得還挺容易的。

《清真小吃》在書中提到：「油旋餅，是回族傳統的風味主食品，由於其製作過程中是在麵糰中加油旋轉壓製故而成名。」

「在北方地區，只要有回族居住的地方，就有油旋餅的製作與銷售，但在西北地區尤為普遍，且品種也變化多端。」

突然想起《養小錄》晉府千層油旋烙餅，其中「晉」府指的是山西省的簡稱「晉」嗎？當然現在已不可考，但是山西省屬於西北地區，而顧仲先生住在浙江省，也許是食物南北大融合，某家從山西搬來小吃攤或是顧仲先生家的廚師是山西來的，所以特別寫上「晉府」二字。

新疆回族的油旋餅加了酵母粉、小蘇打、鹽和花椒粉，做成鹹的口味。此次為了重現清朝的古法晉府千層油旋烙餅，決定不加酵母粉、小蘇打、鹽和花椒粉，依然做成甜的油旋餅。方法參照新疆回族的做法，但是羊還是調整了某些步驟。趁著上班的空檔，偷偷烙了兩塊，哇！真是太好吃了，薄脆甜餅和鵝油搭配得恰到好處。

獅子說：「我當初讀《養小錄》時，覺得很奇怪，顧仲先生是南方人，怎麼吃得習慣北方這種厚重的餅呢？現在你做出來這麼薄的油旋餅，應該就對了！」

我跟獅子提議：「我們也該來取個號，如何？羊的號為『南投饕羊』，獅的號為『南投饞獅』。」

獅說話了：「人家以為『饞獅』是『禪師』呢！」

2　餌：指的是糕餅一類的食物。
3　做饅頭、餃子和餅等麵食時，從和好的長
　　條形的麵上分出來的小塊。

晉府千層油旋烙餅

材料

二砂糖	120 克
水	250 毫升
未漂白中筋麵粉	500 克
原味黃金鵝油	2 大匙

做法

1 將二砂糖放在水中，煮滾後待涼使用。

2 中筋麵粉、糖水、鵝油混合均勻，蓋上保鮮膜，醒發 30 分鐘。

3 分小糰，每糰 50 克，擀成薄片。

4 塗上鵝油，捲起後切半。

5 將半個麵糰，以雙手往相反方向同時多旋轉幾圈，放在桌上。

6 麵糰頂端以拇指壓到底部，成為麵餅的中心。再以擀麵棍擀成厚約 0.1 公分的薄餅。

7 在平底鍋中開中小火，刷上一點點鵝油，將餅放入鍋中蓋鍋烙，直到表面起泡泡，顏色微黃，即可翻面。

8 再烙一下，即可起鍋。此餅趁熱吃，甚美；涼吃，甚妙。

{ 羊的烘焙手記 }

· 油脂的使用上，我捨棄香油，採用鵝油讓油旋餅更酥一點。

Chapter

4

生生不息

養酵人日記：天然酵母軟小白

美國佛蒙特州酸種麵包實作
（Vermont Sourdough）

向辛苦的天然酵母們致敬！

參考過多本天然酵母書後，我對天然酵母的求知欲也更強了，一有空閒，一定抱著書，沒想到經過數星期後，書本開始支解，有些頁數已經支解，還有一些正在支解，另外還有準備支解的頁數……羊笑著跟獅子說：「我考大學聯考都沒這麼認真過啊！」

上次養天然酵母的經驗不太好，此次戰戰兢兢，生怕一不小心又失敗了，羊實驗多次做了改良。

首先是選擇適當的養菌溫度，室溫在25℃～27℃左右，最少養九天以上，每十二小時餵養麵粉和水。

再者是麵粉的選擇，除了有機石磨黑麥麵粉外，最困難的是高筋麵粉。書中要求高筋麵粉蛋白質含量 11～12%，我優先選了未漂白麵粉，但高筋麵粉的蛋白質含量大都是 13～15%，不符合需求。

我別無他法，問了麵粉供應商李先生：

「有蛋白質含量 11～12%的高筋麵粉嗎？」他說：「有，但是常缺貨。你可以考慮日本麵粉。」麵粉商李先生是我寫 Email 到麵粉總公司，總公司介紹給我的中部經銷商。我大概幾個月才叫一包 25 公斤的麵粉，熱心的李先生不因我是「小戶」而不理我，他很熱心地告訴我許多麵粉的常識，甚至主動給我麵包產品配方。

其實我還挺掙扎的，到底要不要選日本麵粉呢？因為這三種老麵種需要日日年年地繼續養，高筋麵粉用量還滿高的。對我來說，如果能夠選擇國產麵粉（其實是國產磨製麵粉），我期許自己能夠盡量做到這件事。李先生推薦幾款蛋白質含量在 11～12%的日本麵粉，而且最好此款麵粉能做其他麵包，才不至於太浪費。

為了選麵粉和選擇適當的室溫，我經常看著書中的食譜，讀著書中的描述，開始想像做出來的天然酵母麵包是何種模樣，直到睡前羊依然讀著食譜。當晚我做了一個美夢，夢到獅子和羊

到某個歐洲古老城堡的餐廳，夢中的印象曾經去過這個城堡，而且記得食物並不是特別好吃，獅子好奇地往裡頭走，原來真正好吃的在後頭。古老的桌上擺滿了各種歐洲麵包和火腿等前菜，光看起來就很好吃，而且我居然在夢裡吃到其中一種麵包，嘗起來好甘甜，是一種從未吃過的味道，非常美味！隔天我跟獅子說，我做了這個美夢。獅子說：「在夢裡能吃到食物是很難得的。」

2009 年 11 月中旬大地震前一晚，天氣稍微涼了，我開始試養三種天然酵母：
1. 軟小白。
2. 硬小白。
3. 小黑。

我幫天然酵母取了名字，如此一來更好記。養天然酵母最需要毅力和恆心，而每天餵養天然酵母時，也會發現味道漸漸轉變，直到第九天熟成，出現淡淡的果香，奇妙的是，每一種天然酵母的味道都不同。

「不經一番寒徹骨，哪得梅花撲鼻香。」在養天然酵母的第二天就遇到了地震，羊受到驚嚇，但是天然酵母愈長愈旺盛，完全沒受到影響。下次神祕魚寫春聯時，我要請她幫我的天然酵母寫上「生生不息」或是「長生不老」，直接貼在桶子上。那天，一口氣將三種熟成的天然酵母做成三種歐洲麵包。哇！我在夢裡吃到的麵包終於美夢成真了。整屋子香香甜甜的味道，是我從未有過的經驗！

老麵種

製作天然酵母軟小白

第一天
DAY ONE

準備
有機石磨黑麥麵粉：272 克
室溫水：340 毫升
蜂蜜：10 克
總重：622 克

做法
混合平均，蓋上保鮮膜，在 25 ～ 27℃處放置
24 小時。

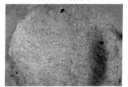
第一天餵養

正面圖

側面圖

第二天
DAY TWO

準備
第一天全部混合物的一半：約 311 克
（另一半拋棄或給朋友）
有機石磨黑麥麵粉：68 克
昭和麵粉 CDC 法國粉：68 克
32℃的水：170 毫升
總重：617 克

做法
混合平均，蓋上保鮮膜，在 25 ～ 27℃處放置
24 小時。
（每 12 小時餵一次，共餵 2 次。）

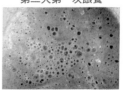
第二天第一次餵養

正面圖

側面圖

第三天～第九天

DAY THREE

|

DAY NINE

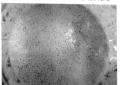
第三～九天第二次餵養

正面圖

準備

前一天全部混合物的一半：約 308 克

（另一半拋棄或給朋友）

昭和麵粉 CDC 法國粉：136 克

室溫水：170 毫升

總重：614 克

做法

混合平均，蓋上保鮮膜，靜置在 25 ～ 27℃處。

（每 12 小時餵一次，共餵 14 次）

側面圖

如何繼續餵養酵母？

熟成之後，蓋好保鮮膜，放入冰箱冷藏。每天繼續餵養，或最少每三天從冷藏取出回溫，再照著第三天～第九天的餵養方法繼續餵養，往室溫發酵兩小時後，再蓋上保鮮膜放回冷藏。

用天然酵母做麵包

好不容易養了九天以上的天然酵母軟小白，將做成美國佛蒙特酸種麵包，得再接再厲繼續養魯邦液種十六個小時，接著才能開始做最後的麵糰（得再花八小時製作）。

羊養的三種天然酵母，利用有機石磨黑麥麵粉上的微生物、水和蜂蜜產生變化而養成的天然酵母。以軟小白來說，軟小白可以完全替代新鮮酵母，也就是魯邦液種和最後的麵糰中，不需另外加上新鮮酵母，只要使用天然酵母軟小白，即可完成美味好吃的麵包。在發酵的過程中，雖然麵糰像是沒發酵的狀態，但一進烤箱後，麵糰一股腦兒全膨發了。

佛蒙特州酸種麵包烘烤完，也說話了！而且有爆裂的甲骨文。獅子見到排列整齊的麵包們站在烤箱上說：「哇！看起來好專業啊。樓梯間都是香香甜甜的味道。」羊的大尾巴又不斷地擺動中。

事實上，我的麵包連一點糖都沒加，麵包嘗起來有股淡淡的酸味，最神奇的是咀嚼後吞下，嘴巴內有股甘甜味散開，讓人回味無窮。好麵包的確是值得花時間等待的！

美國佛蒙特州酸種麵包
Vermont Sourdough

魯邦液種材料（先養 16 小時）

未漂白高筋麵粉	315 克
室溫水	395 毫升
軟小白	63 克
（最少養 9 天以上的天然酵母）	

總重 773 克
（下一個階段繼續製作，只取其 710 克）

做法

混合平均，蓋上保鮮膜，在 21℃處放置 12 ～ 16 小時。

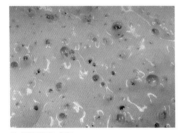

魯邦液種完成圖

主麵糰材料（再花 8 小時製作）

水	970 毫升
魯邦液種	710 克
未漂白高筋麵粉	1575 克
有機石磨黑麥麵粉	210 克
有機海鹽	40 克

總重 3505 克

做法

1 攪拌盆內加入水、魯邦液種、麵粉和黑麥麵粉，以第一速攪拌 4 分鐘，靜置在攪拌盆內，蓋上塑膠袋避免乾掉，讓其自體溶解（法文 autolyse）60 分鐘。

2 取下塑膠袋，平均撒上海鹽，繼續以第二速打 2 分鐘。麵糰完成溫度為 24℃。

3 第一次發酵 2.5 小時（第一次發酵 75 分鐘後摺疊麵糰一次）。

4 麵糰分糰，每糰 680 克，可塑成圓形。

5 第二次發酵，在 24℃處發酵 2 小時。

6 預熱烤箱 240℃（約半個小時）。

7 入爐前後各先噴蒸汽 5 秒。

8 烤箱 240℃烤約 40 ～ 45 分鐘。

養酵人日記：天然酵母硬小白

法國諾曼第蘋果麵包實作
（Normandy Apple Bread）

天然酵母硬小白的做法跟軟小白差不多，但是水的比率稍微少一點，所以才能形成稍硬的天然酵母。剛養硬小白時，發酵期間有股説不出來的味道，不香不臭，直到第九天天然酵母熟成，整個風味大轉變，有種超好聞淡淡的果香味，養天然酵母真是驚奇之旅啊！完全不知隔天將變成何種風味。

首先選擇適當的養菌溫度，室溫在25℃～27℃左右，最少養九天以上，每十二小時餵養麵粉和水。麵粉的選擇，除了有機石磨黑麥麵粉外，高筋麵粉蛋白質含量要達11～12%。

養天然酵母真的需要毅力和恆心。剛開始養天然酵母時，對於每天兩次餵養感到擔心，怕因為正職工作太忙而忘記，但是漸漸地變成一種習慣，反而輕而易舉。直到現在我仍然繼續養著這三種不同的天然酵母，風味愈來愈香，希望它們能夠生生不息，成為真正優良的天然酵母！

老麵種
製作天然酵母硬小白

第一天（24 小時）
DAY ONE

準備

有機石磨黑麥麵粉	226 克
室溫水	320 毫升
昭和麵粉 CDC 法國粉	226 克

總重 772 克

做法

混合平均，蓋上保鮮膜，在 25 ～ 27℃處
放置 24 小時。

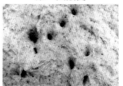

第一天餵養

正面圖

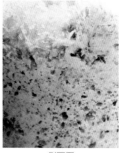

側面圖

第二天～第九天（每 12 小時餵 1 次）

DAY TWO

DAY NINE

準備

取第一天麵糊的 1/3	256 克
昭和麵粉 CDC 法國粉	226 克
室溫水	136 毫升

總重 618 克

做法

混合平均，蓋上保鮮膜，靜置在 25 ～
27℃處。

（每 12 小時餵一次，共餵 16 次）

第二天第一次餵養

正面圖

第三～九天第一次餵養

正面圖

側面圖

側面圖

如何繼續餵養酵母？

熟成之後，蓋好保鮮膜，放入冰箱冷藏。每天繼續餵養或最少每三天從冷藏取出
回溫，再照著第二天～第九天的餵養方法繼續餵養，在室溫發酵兩小時後，再蓋
上保鮮膜放回冷藏。

烘烤成蘋果乾

從自製蘋果乾開始

繼天然酵母軟小白做成美國佛蒙特州酸種麵包後，天然酵母硬小白也有新的表現，做成法國諾曼第蘋果麵包。當初想做此麵包時，擔心找不到好蘋果。剛好有南投縣仁愛鄉的青龍蘋果，趕緊買一些準備做成蘋果乾。因為我從未有做蘋果乾的經驗，一切只能試了再說。

蘋果去皮、去心後，切薄片或切成塊，書上建議以120℃烘烤，我則以上豪牌烤箱160℃，烘烤至似果乾狀，大約五十分鐘。英文食譜的確能讓我更長進，唯有多方嘗試過才能試出最好的結果。我大約切了七個青龍蘋果，烤好後居然僅剩153克的蘋果乾！得多切幾個蘋果啊！

法國諾曼第蘋果麵包的材料還需要蘋果氣泡酒（Apple Cider），我找了量販店進口的法國布列塔尼蘋果甜酒（Bretagne Sweet Cider）。沒用完的蘋果酒，羊邊做麵包邊喝，酒量很不好的羊喝到有點傻、呆滯狀，同時又幻想能有「羊在酒中，酒在羊中」的最高境界！

最少花九天的時間養成的天然酵母硬小白，繼續再以十二小時養硬式魯邦種，待硬式魯邦種完成後，再花兩小時以上準備製作青龍蘋果乾，最後以五小時完成法國諾曼第蘋果麵包。天然酵母硬小白在最後製成麵糰時，仍需要加入部分的新鮮酵母。

（警語：酒量不好的人或羊，做麵包請勿喝酒，喝酒請勿做麵包。）

法國諾曼第蘋果麵包
Normandy Apple Bread

硬式魯邦種材料（先養 12 小時）

未漂白高筋麵粉	342 克
水	205 毫升
硬小白	68 克

（最少養 9 天以上的天然酵母）

總重 615 克

（下一個階段繼續製作只取其 547 克）

做法

混合平均，蓋上保鮮膜，靜置在 21℃ 處 12 小時。

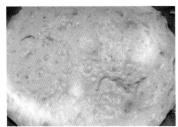

硬式魯邦種完成。

主麵糰材料（再花 5 小時製作）

新鮮酵母	19 克
水	440 毫升
硬式魯邦種	547 克
未漂白高筋麵粉	1368 克
有機石磨全麥麵粉	190 克
蘋果氣泡酒（Apple Cider）	646 毫升
有機海鹽	38 克
蘋果乾	285 克

（先花 2 小時以上製作）

總重 3533 克

做法

1　攪拌盆內加入新鮮酵母、水、硬式魯邦種、未漂白高筋麵粉、有機石磨全麥麵粉、蘋果氣泡酒和有機海鹽，以第一速攪拌 3 分鐘，第二速打 3 分鐘。最後加上蘋果乾，以第一速攪拌 2 分鐘。

2　麵糰完成溫度為 24℃。

3　第一次發酵 2 小時（第一個小時摺疊麵糰一次）。

4　分糰，每糰 680 克，可塑成圓形。

5　第二次發酵，在 24℃ 處發酵 1.5 小時。

6　預熱烤箱 230℃（約半個小時）。

7　入爐前後各先噴蒸汽 5 秒。

8　烤箱 230℃ 烤 40 分鐘，降溫 220℃ 續烤 15 分鐘。

養酵人日記 ：天然酵母小黑

黑麥和全麥酸種麵包實作
（Whole-Rye and Whole-Wheat Bread）

繼續向辛苦的天然酵母致敬！

要造就神奇天然酵母小黑，九天中得全程不斷地餵養有機石磨黑麥麵粉和水。小黑發酵時和硬小白相同，有股說不出來的味道，不香不臭，直到第六天天然酵母熟成，整個風味大轉變，有種超好聞，每次打開保鮮膜後，鼻子便不自主地用力多吸幾口的淡淡果香味。

要養天然酵母小黑，首先得選擇適當的養菌溫度，室溫在 25℃～27℃ 左右，最少養九天以上，每十二小時餵養麵粉和水。當初養天然酵母小黑，其實是為了重新還原十六年前在俄羅斯、蒙古及德國吃過的真正黑麥麵包。特別商請香港的 Natural And Fair 網路商店幫我進口加拿大有機石磨黑麥麵粉，只用最頂級的有機石磨黑麥麵粉，才能做出最夢幻的黑麥麵包。

老麵種
製作天然酵母小黑

第一天 （24 小時）
DAY ONE

準備

有機石磨黑麥麵粉	362 克
室溫水	362 毫升
	總重 724 克

做法

混合平均，蓋上保鮮膜，在 25 ～ 27℃處放置 24 小時。（黑麥麵粉最好選擇有機，且不能為預拌粉，否則會失敗。）

第二天 （24 小時）
DAY TWO

準備

第一天麵糊的 1/4	181 克
有機石磨黑麥麵粉	181 克
室溫水	181 毫升
	總重 543 克

做法

混合平均，蓋上保鮮膜，在 25 ～ 27℃處放置 24 小時。

第三天～第九天 （每 12 小時餵養一次）
DAY THREE
|
|
DAY NINE

準備

第二天麵糊的 1/3	181 克
有機石磨黑麥麵粉	181 克
室溫水	181 毫升
	總重 543 克

做法

混合平均，蓋上保鮮膜，靜置在 25 ～ 27℃處。（每 12 小時餵一次，共餵 14 次）

如何繼續餵養？

熟成之後，蓋好保鮮膜，放入冰箱冷藏。每天繼續餵養或最少每三天從冷藏取出回溫再照著第三天～第九天的餵養方法繼續餵養，在室溫發酵兩小時後，再蓋上保鮮膜放回冷藏。

找回俄羅斯黑麵包的滋味

十六年前，我永遠忘不了獅羊在俄國旅行待了一個多月，從東到西，從北到南，每天必做的一件事——排隊買俄國黑麥麵包。我總是學著俄國大媽，手上提著布袋，到販賣麵包的小亭子，看著玻璃窗內的各種麵包，比手畫腳地跟俄國大媽指出我要買哪一種麵包，然後掏出一大把零錢，讓大媽挑出需要多少錢。

旅行前，獅羊二人皆上了台北市中國青年服務社的俄文初級班，由俄羅斯籍的女老師上課。不才的羊，上兩個月的課，好像有聽沒有懂，直到真正到了俄國，羊只會說俄文的「謝謝」，其他一概不知。幸好有學習成效良好的獅子，從俄文字母中辨認如何搭地鐵、公車到講一些複雜的句子。每次買到黑麥麵包，總是先多聞幾下，再收到布袋中，一路滿意地走回旅館。獅子拿出瑞士刀，切幾片黑麥麵包，再加上在市場買的青菜、乾義大利麵，配上用電湯匙、鋼杯煮出來的康 X 牌濃湯，就是完美的一餐。俄羅斯的物價太高，我們捨不得提早把錢花光，餐餐省著，就為了未來一路上幾個月的旅費。

吃了一個多月的黑麥麵包，所以我們對黑麥麵包的感情很濃厚。回台後，我們再也找不到真正像樣的黑麥麵包。朋友介紹幾家德國人開的餐廳，有黑麥麵包等等，還有幾家俄羅斯餐廳，我們專程前往，總是讓我們一再失望。這麼多年來，羊的潛意識裡，一直希望能夠做出在俄羅斯吃到的黑麥麵包。從製作五天四夜的「葡萄牙山中阿嬤黑麥麵包」開始，到最少養了九天的天然酵母小黑，再繼續花十六小時做成酸種，最後再花五個小時完成黑麥和全麥酸種麵包。製作過程中每一步都走得戰戰兢兢，生怕一不小心再也找不回黑麥麵包的記憶。

此次先試做加了 25% 的有機石磨黑麥麵粉和 25% 的有機石磨全麥麵粉，烤好後便是扎實的大麵包。獅子吃了一口說：「比葡萄牙山中阿嬤黑麥麵包更好吃！有俄國黑麥麵包的味道。」（獅曰：「今日之羊永遠打敗昨日之羊！」）

黑麥和全麥酸種麵包切開後，橫切面很扎實，口感微酸，表皮微韌，慢慢咀嚼後吞下，滿嘴甘甜，這就是黑麥麵包的真正味道啊！我知道，這是我尋找旅行記憶味道的過程，有一點艱辛，但總算開始找回一點蛛絲馬跡了。

黑麥和全麥酸種麵包
Whole-Rye and Whole-Wheat Bread

酸種材料（先養 16 小時）

有機石磨黑麥麵粉	525 克
水	437 毫升
小黑	26 克

（最少養 9 天以上的天然酵母）

總重 **988** 克

（下一個階段繼續製作只取其 962 克）

做法

混合平均，蓋上保鮮膜，在 21℃ 處放置 16 小時。

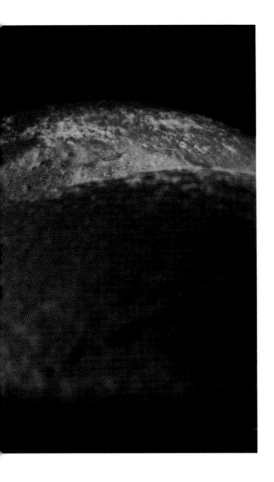

主麵糰材料（再花 4 小時製作）

新鮮酵母	26 克
水	990 毫升
酸種	962 克
未漂白高筋麵粉	1050 克
有機石磨全麥麵粉	525 克
有機海鹽	38 克

總重 3591 克

做法

1. 攪拌盆內加入新鮮酵母、水、酸種、高筋麵粉、全麥麵粉和海鹽，以第一速攪拌約 3 分鐘，再以第二速打 4 分鐘，麵糰完成溫度為 26℃。
2. 第一次發酵 1 小時。
3. 麵糰分糰，每糰 680 克，可塑成圓形。
4. 第二次發酵，在 26℃處發酵 1 小時。
5. 預熱烤箱 240℃（約半個小時）。
6. 入爐前後各先噴蒸汽 5 秒。
7. 烤箱 240℃ 烤 15 分鐘，降溫為 230℃續烤 25 分鐘。

〔 羊的烘焙手記 〕

天然酵母小黑在最後製成麵糰時，仍需要加入部分的新鮮酵母。

養酵人日記：天然酵母小黃

法國席德蘋果麵包實作
(Le pain aux pommes et au cidre)

試做過多種老麵種（天然酵母），羊強力推薦天然酵母小黃！因其簡單、易養、熟成時間短，且做出來的麵包超級無敵好吃，尤其是小黃帶出麵包的Q彈口感和小麥香，讓您意猶未盡，想多來幾塊麵包！

熟成的小黃有淡淡的果香味，加入麵糰後，也不會有怪異的酸味。許多人誤以為老麵種就是要酸才夠味，甚至不惜在製作麵包時加入醋來增加酸味。用小黃製作麵包時只需要加入極少的新鮮酵母，因其發酵時間充足，對於胃容易脹氣又想吃麵包的朋友，小黃是最好的選擇。

另外，麵粉的選擇，我強烈建議不要隨便找替代品。小黃如何養成？經由有機石磨全麥麵粉上的微生物，透過時間和加入二砂糖補充營養而產生，發酵期間再加上法國 T65 未漂白麵粉和水。另外何時最適合開始養小黃？先查看天氣預測，盡量選春天或秋天平均氣溫大約 21 ～ 25℃左右。

綜合養各種天然酵母的心得，養酵母的確需要時間的等待，請留意絕對不要在酷熱的夏天開始養天然酵母，雖然看似發酵速度快，但很可能已經養出雜菌而不自知。那也是為何來自歐洲配方的天然酵母總是在低溫中緩慢發酵，從有機黑麥或有機全麥上的微生物培養天然酵母。

另外，我不建議使用新鮮水果培養天然酵母，除非你能買到有機水果。市售水果可能含有農藥等殘留，削皮幫助不大。再者，以葡萄乾培養時，盡量選有機葡萄乾，且葡萄乾表面不能有任何油脂，否則成功機會不大。

1 很可能已經發酵過頭了。
2 選擇有機麵粉才有更多微生物，石磨麵粉則保留更多營養。

老麵種
天然酵母小黃製作

第一天
DAY ONE

準備

有機石磨全麥麵粉	50 克
室溫水	50 毫升

總重 100 克

做法

混合平均,蓋上保鮮膜,在 21 ～ 25℃ 處靜置發酵 24 小時。

第二天
DAY TWO

準備

第一天全部混合物	100 克
法國 T65 未漂白麵粉	100 克
二砂糖	20 克
室溫水	100 毫升

總重 320 克

做法

混合平均,蓋上保鮮膜,在 21 ～ 25℃ 處靜置發酵 24 小時。

第三天
DAY THREE

準備

第二天的全部混合物	320 克
法國 T65 未漂白麵粉	200 克
室溫水	200 毫升

總重 720 克

做法

混合平均,蓋上保鮮膜,在 21 ～ 25℃ 處靜置發酵 12 小時。

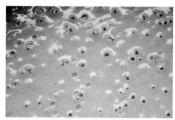

天然酵母小黃完成。

如何繼續餵養?

熟成之後,蓋好保鮮膜,放入冰箱冷藏。每天繼續餵養或最少每七天從冷藏取出後,加入 1 大匙的室溫水後,再照著第三天的餵養方法繼續餵養,如室溫處於 25℃,發酵時間依然是 12 小時。但若室溫為 27 ～ 30℃,大約發酵 3 小時。發酵後,再蓋上保鮮膜放回冷藏。

例如:已經熟成的小黃淨重為 400 克(已經扣掉盆重)
+) 再續養需要加入 1 大匙的室溫水(15 毫升)
+) 再加入 400 克 X 0.625 = 250 克法國 T65 麵粉
+) 再加入 400 克 X 0.625 = 250 毫升室溫水

得到總重 915 克

找回健康美味麵包的初心

看到元旦寶寶的新聞，呵呵，今天中午在羊宅也誕生了「小黃老麵種寶寶」，養了三天，一切順利，每天都很活潑啊！迫不及待想試試其風味。突然想起之前幾個月還在冰箱冷藏的台大梅峰農場無農藥德國蘋果，除了少數撞傷外，狀況還不錯，我想做個法國老麵種席德蘋果麵包。

材料愈簡單的麵包愈難做，我一直希望能繼續保有這十三年來對麵包的熱情，從選擇好的食材開始，亂七八糟的人工添加劑絕對不加，不斷地自學讀更多國外食譜書，賦予好麵包的新生命！羊衷心企盼，希望真的有那麼一天，讓大家吃到健康的好食物。

法國席德蘋果麵包

Le pain aux pommes et au cidre

材料

無農藥蘋果去皮去籽切丁	2 個
（共約 360 克，酸蘋果適合烘焙用）	
新鮮酵母	20 克
老麵種小黃	100 克
水	360 毫升
法國蘋果氣泡酒	260 毫升
法國傳統麵粉（T55）	1000 克
有機海鹽	24 克

總重 2124 克

做法

1　攪拌盆內加入新鮮酵母、老麵種小黃、水、法國傳統麵粉（T55）、法國蘋果氣泡酒和海鹽，以第一速攪拌約 4 分鐘，再以第二速打 6 分鐘，放在發酵盆內，先發酵 30 分鐘。

2　再將麵糰放回攪拌盆，加入新鮮蘋果丁，以第一速攪拌約 2 分鐘。

3　麵糰放入發酵盆，再發酵 35 分鐘。

4　分糰，每糰 350 克，塑成球狀，鬆弛 30 分鐘。

5　塑成橢圓狀，表面撒粉，放在烘焙紙上，最後發酵 1 小時。

6　預熱烤箱 240℃（約半個小時）。

7　麵糰表面撒粉劃刀（人字共六刀），入爐前後各先噴蒸汽 5 秒。

8　烤箱 240℃烤 25 分鐘。

混合了友誼的麵包香

製作法國老麵種黑麥麵包
（Le pain de seigle ）

為了迎接遠道而來的友人，羊將養了許久的老麵種，繼續做更多變化，我想試玩更多種麵包。麵包是否好吃，從攪拌麵糰時的溫度和狀況，能見出端倪。麵糰攪拌完的溫度更是關鍵。再者第一次發酵和第二次發酵時，盡量不要讓麵糰表皮乾掉（可在麵糰上方蓋上塑膠袋，不能蓋太緊），也不要讓其發酵過了頭，發酵過頭將起超大的泡泡。好好地照顧麵糰，就像照顧小孩一般。

攪拌的過程中，圍觀的友人紛紛表示好香啊！再經過長時間漫長的等待，直到烘烤出爐，用手指敲著法國黑麥麵包，咚咚直響，可愛的黑麥麵包出爐。從麵包中間對切，撲鼻而來黑麥淡淡的酸味，Q彈黑麥香，入口有一點點酸味，神奇的是吞下後是甘甜的。讓人忍不住多咬兩口。

遠道而來的友人，好不容易在百忙之中撥冗前來。大家圍著圓桌，喝茶聊天，伴隨著非基因改造黃豆做的豆花、鮮奶酪、越南新鮮春捲和現烤的越南牛肉乾，偶爾幫麵糰分糰、塑形，直到晚上麵包烘烤出爐。人生至此，夫復何求？

法國老麵種黑麥麵包
Le pain de seigle

材料

新鮮酵母	2 克
水	620 毫升
老麵種小黃	200 克
（做法請參考 P.104）	
法國黑麥麵粉	1000 克
有機海鹽	20 克

總重 1842 克

做法

1　攪拌缸內加入水、新鮮酵母、老麵種、黑麥麵粉和海鹽混合均勻，以第一速打 3 分鐘，再以第二速打 4 分鐘。

2　第一次發酵 2 小時。

3　分成每糰重約 460 克，麵糰滾圓，鬆弛 35 分鐘。

4　烤盤上放置烘焙紙，麵糰滾圓，將麵糰放在烘焙紙上，麵糰表面撒粉，第二次發酵 1.5 小時。

5　預熱烤箱 230℃（約半小時）。

6　麵糰撒粉，劃刀（劃十字或風扇狀）。

7　入爐前後各先噴蒸汽 5 秒。

8　先以 230℃烤 15 分鐘，再降溫為 200℃續烤約 30 分鐘即可。

書中自有麵包屋

製作法國 T65 老麵種拖鞋麵包
(La ciabatta nature)

羊有上百本英文烹飪烘焙書，其中以麵包烘焙書居多。有時上美國亞馬遜網路書店找最新的書，或是上美國 eBay 網站搜尋老食譜，抑或是請親戚幫忙從歐洲扛回來。前一陣子很努力地在網上找麵粉的資料，有時從亞馬遜網路書店輸入關鍵字，尋找是否遺漏沒買到的烘焙書。

直到某日，搜尋某種麵種，只有幾本書有相關內容，仔細一看，啊！這本書竟然已經躺在我的書架上幾個月了。我曾翻過但沒仔細看。現在趕緊拿出這本書，兩個星期終於大致讀完四百多頁。讀完此書，茅塞頓開，「羊生」變得更加彩色了！

我很喜歡拖鞋麵包，好吃的拖鞋麵包需要先養老麵種，我曾養過十六小時的 Stiff Biga 種和 Poolish 種（液種），除了原味拖鞋外，還能做出各種變化，包括普羅旺斯香草拖鞋、用肉桂、丁香、豆蔻和黑胡椒混合的四合香料拖鞋、大蒜拖鞋和薑黃拖鞋等。書中說：「拖鞋麵包的最重要關鍵是皮脆和麵糰的含水量。」

獅子說：「我好喜歡 Stiff Biga 種的義大利拖鞋麵包。」

每次做義大利拖鞋麵包，含大量水分的麵糰，總是將羊蹄黏得分不開，張開羊蹄好似鴨掌啊！羊開始懷疑自己到底是羊還是鴨？不過義大利拖鞋麵包真讓人百吃不厭啊！Poolish 種（液種）的拖鞋麵包，吃起來的口感更有彈性。皮脆內軟，味道很特別，而且愈吃愈好吃呢。含水量高的拖鞋麵包，不易操作，但烤完後之美味，的確值得。

最近試了法國 T65 老麵種拖鞋麵包，先養老麵種（做法請參考 P.104）幾個月後，濃郁的果香味，帶出法國 T65 麵粉的小麥香和 Q 彈滋味，一口咬下拖鞋麵包還會反彈回來，皮薄脆內 Q 軟好吃的拖鞋麵包！

Stiff Biga 種的義大利拖鞋麵包。

法國 T65 老麵種拖鞋麵包
La ciabatta nature

材料

水	680 毫升
新鮮酵母	10 克
老麵種小黃	200 克
（做法請參考 P.104）	
法國 T65 麵粉	1000 克
有機海鹽	20 克
頂級原味橄欖油	60 毫升

總重 1970 克

做法

1. 攪拌缸內加入水、新鮮酵母、老麵種、T65 麵粉和海鹽混合均勻，以第一速打 4 分鐘，再以第二速打 5 分鐘。加入原味橄欖油，第二速打 2 分鐘。
2. 第一次發酵 2 小時（第一個小時摺疊麵糰一次）。
3. 麵糰分成每糰重約 300 克，麵糰滾圓，鬆弛 20 分鐘。
4. 以手掌輕輕拍打麵糰空氣，快速地對摺麵糰（麵糰很黏）。
5. 烤盤上放置烘焙紙，將麵糰放在烘焙紙上，麵糰表面撒粉，第二次發酵 1 小時。
6. 預熱烤箱 270℃（約半小時）。
7. 麵糰撒粉。
8. 入爐前後各先噴蒸汽 5 秒。
9. 烤箱 270℃烤 7 分鐘，再降溫為 250℃續烤約 13 分鐘。

羊的烘焙手記

一般家用烤箱的溫度只到 250℃，若使用是家用烤箱，請將烘烤改成 250℃。

像海綿蛋糕一樣綿軟的好口感

分享法國 T65 老麵種布里歐許麵包
（La brioche）

最肥、最好吃的麵包來了！我一直很喜歡布里歐許麵包，但市售的布里歐許不是奶油不夠好，就是加白油酥油，同時雞蛋的品質也不太穩定，吞下後舌頭總覺得刺刺的，那就表示是不好的油脂做的。此次特別採用法國 T65

麵粉、老麵種、法國 ISIGNY A.O.P. 頂級無鹽發酵奶油以及和豐雞場無藥物殘留的雞蛋製作。烤好後麵包吃起來像海綿蛋糕，又綿又軟！搭配上頭的比利時珍珠糖，無敵好吃。

法國 T65 老麵種布里歐許麵包
La brioche

材料

新鮮酵母	40 克
二砂糖	160 克
雞蛋	約 600 克
（去殼重、約 12 ～ 13 個）	
老麵種小黃	160 克
（做法請參考 P.104）	
法國 T65 麵粉	1000 克
有機海鹽	20 克
無鹽發酵奶油	500 克
（室溫軟化）	
有機香草精	2 小匙
珍珠糖	適量
雞蛋	1 個
（塗麵糰表面）	

總重 2490 克

做法

1. 攪拌缸內加入新鮮酵母、二砂糖、雞蛋、老麵種小黃、T65 麵粉和海鹽混合均勻，以第一速打 4 分鐘，再以第二速打 6 分鐘，加入奶油和香草精，第二速打 4 分鐘。
2. 第一次發酵 2 小時。
3. 麵糰蓋好保鮮膜，放入冰箱冷藏 1 小時。
4. 分成每個麵糰 200 克，滾圓，鬆弛 25 分鐘。
5. 將麵糰滾圓，放入哈雷紙杯（直徑 9 公分）。第二次發酵 1 小時。
6. 預熱烤箱 180℃（約半小時）。
7. 麵糰表面刷上蛋液，以剪刀剪開，平均撒上珍珠糖。
8. 入爐前後各先噴蒸汽 5 秒。烤約 25 ～ 30 分鐘即可。

｛ 羊的烘焙手記 ｝

- 奶油是烘焙時最常使用的材料之一，食譜上常會標示「室溫軟化」，有些則會標示「融化」，到底有什麼差別呢？
- 室溫軟化奶油是直接將秤好重量的奶油放在室溫，待其軟化（手指一壓即軟），氣溫愈高，軟化速度愈快。夏天約一到兩小時，冬天約三到四小時。
- 而另一種融化的奶油，要將秤好重量的奶油放在大鍋內，再放入另一個已裝熱水的大鍋內，前者鍋子的底部不要直接碰到熱水，直到奶油完全融化就可以使用了。

豐收季節的濃郁風味

製作法國 T65 老麵種果乾麵包
(Le pain aux 7 fruits secs)

我一直很喜歡果乾蛋糕，尤其是地中海水果蛋糕。果乾蛋糕雖然好吃，但是奶油超多的。當我讀了果乾麵包食譜，仔細一看，奶油含量不多，再加上麵糰中還加了老麵種，我想試試老麵種果乾麵包的滋味為何？

堅果果乾如何調配呢？酸甜滋味都要平均才會好吃，我選了核桃、松子、美國有機無花果乾、美國梅乾、新疆青提子、美國有機杏乾和法國沙巴東糖漬橘皮。每一種都要先試吃，味道不對絕不加入。太過鮮豔的果乾得小心，可能已經染色。

那天好友 Lily 傳來：「媽媽和妹妹同時來電說老麵種果乾麵包實在太好吃了，她們本來都不喜歡吃果乾麵包，因為外面賣的果乾麵包品質不佳。你的麵包讓她們驚豔，還問店何時才開啊？還命令我趕快把這款麵包學起來。」羊太開心了，希望大家吃了羊做的麵包能變得更快樂，這是羊生的目標啊！

法國 T65 老麵種果乾麵包
Le pain aux 7 fruits secs

材料

水	650 毫升
新鮮酵母	10 克
老麵種小黃	200 克
（做法請參考 P.104）	
法國 T65 麵粉	1000 克
有機海鹽	20 克
頂級無鹽發酵奶油	60 克
（室溫軟化）	
各式堅果果乾切碎	560 克
（核桃、松子、美國有機無花果乾、美國梅乾、新疆青提子、美國有機杏乾和法國沙巴東糖漬橘皮）	

總重 2500 克

做法

1 攪拌缸內加入水、新鮮酵母、老麵種、T65 麵粉和海鹽混合均勻，以第一速打 4 分鐘，再以第二速打 7 分鐘，加入奶油，第二速打 3 分鐘。最後加入堅果果乾，以第一速拌勻，約 2 分鐘。

2 第一次發酵 1.5 小時。

3 分成每個麵糰 600 克，滾圓，中間拉開，像貝果狀，直徑約 30 公分。

4 烤盤上放置烘焙紙，將麵糰放在烤盤紙上，中空的洞內，放卜一個舒芙蕾模，麵糰表面平均撒粉。

5 第二次發酵 2 小時。

6 預熱烤箱 240℃（約半小時）。

7 小心取出舒芙蕾模，麵糰表面平均撒粉，劃四刀。

8 入爐前後各先噴蒸汽 5 秒，烤約 28 分鐘。

⎰ 羊的烘焙手記 ⎱

舒芙蕾模是為了固定中空的地方，如果沒有舒芙蕾模，放個小碗也行。

Chapter

5

追尋更好更健康的
麵包容器之旅

找到可以用一輩子的蒸籠

鹿港手工檜木蒸籠

羊幾年前購入的蒸籠是鋁製的，雖然了解鋁製產品對身體不好，但是一直找不到合適的蒸籠，就這麼拖了幾年的時間。直到幾個月前，試著在網路購物中尋找蒸籠。我的目標很簡單：只要竹製手工蒸籠台灣製即可。比較好久，考慮了大小、方便刷洗、保養、產地及價錢等等，還是無法下決定。我覺得販賣蒸籠的某些人沒說實話。譬如說：產地竹山的竹製蒸籠純手工，很大兩籠一蓋居然只要兩千多元，而且還信誓旦旦的說保證台灣貨。

如果真是純手工，現在台灣真正能編蒸籠的也沒幾位了，人工一定很貴，光做兩籠一蓋也需要幾天時間。以我熟知工業工程分析時間的方法，知道這些成本大概多少，有這種手藝且能賺這麼少錢甚至賠錢的工人，最有可能是在越南或中國大陸。並非是這些產地製造的東西不好，而是做生意本來就該老實清楚的說出來，但若為了同業競爭，而說出了謊言，我是絕對不會助長這種風氣的，最後決定拒買！

直到九月下旬好友 Anary 來訪，她沒去過鹿港，我們一起去。自從八卦山隧道通車後，往鹿港的時間就更快速了，我們經常像「走灶腳」般往鹿港跑。一如往昔我們沿著瑤林街的老街走，在前進的隊伍中，突然出現一團穿著和裝備都很專業的台北市某攝影團，男女老少都有，拿的是專業單眼相機，沿路上我們頗注意攝影團的行蹤和作為，煞是有趣。

老街巧遇手工蒸籠

走進瑤林街後，攝影團連忙轉進另一個小巷，在一處民宅前停了下來。我們不跟著湊熱鬧，慢慢地欣賞巷內的風景，聞著巷內的氣味。等到他們漸漸散去，走近民宅處，只剩下幾位女攝影學員蹲著等待鏡頭。哇！原來是鹿港鼎鼎大名陳錦煌先生的手工蒸籠啊！

酷熱的午後，陳老先生打著赤膊，揮汗如雨的坐著製作手工蒸籠。看到攝影學員還熱情地招呼她們，問她們熱

不熱?要不要吹電扇?我先把相機交給 Anary,想問如何訂製手工蒸籠。獅子連忙湊過來說:「既然都來到鹿港,不如訂製一組手工蒸籠。」

進門後,我先問陳老先生:「要如何訂製?」陳老先生連忙站起來,到另一個房間內拿了一組蒸籠出來,說這是台北人訂製的蒸籠兩籠一蓋,剛好可以放在十人份大同電鍋內,非常方便。接下來,陳老先生扯著喉嚨、高聲地以鹿港腔台語述說這組蒸籠的特別之處,以檜木做的蒸籠!這可是我從未見過的檜木蒸籠,以前見過的蒸籠主要是以竹製為主。

接下來高齡七十一的陳老先生,為了證明自己的蒸籠有多耐用,開始做出一些高難度的動作,把我給嚇得嘴巴張得大大的。首先陳老先生雙腳站上這組小蒸籠,雙唇緊閉、兩手緊貼褲子外側,筆直地站著大約十秒鐘。接下來,示範單腳踩進蒸籠內,另一腳騰空,為了證明他的蒸籠有多耐用及多耐重。(心想腳踩過的這一組可千萬別賣給我!)

正當陳老先生說得口沫橫飛之際,陳老太太從後頭走出來了,勸陳老先生別再示範,我知道她的意思,應該是大部分的人看的多,買的少。我問了價格,此時獅子又湊過來說:「趕快今天就訂一組吧!」此時有一些路過的觀光客,也開始問起價格,這些人一聽價格覺得貴就走了。我當場掏出鈔票,今天就訂一組吧!陳老先生趕緊拿出大榮貨運的運貨單,我填好地址,陳老先生在他的名片後面,寫上農曆的交貨日、訂購明細和收到的金額。再次提醒我,到交貨日那天,記得打電話提醒他。

選便宜不如選安心

大約經過了兩個多星期，已經到了要提醒陳老先生的日子，當天一忙，也就忘了這事兒。隔日早上，居然收到鹿港手工檜木蒸籠。真是準時啊！

此時才能好好細看我的蒸籠。蒸籠的上蓋有些許竹子所編織的圖案，周圍一圈是由檜木片一層層緊貼手工縫製而成，底部由檜木條所組成，難怪能承受老伯的重量。整個蒸籠散發出檜木的香氣，這些手工肯定有極深厚的底子，否則是做不出來的。細看過蒸籠後，我想説的是：「值得一輩子擁有一組的鹿港手工檜木蒸籠啊！」

我打了電話給老伯，謝謝他！我收到貨了。順便問如何保養蒸籠。陳老先生再次以鹿港腔台語高聲地告訴我：「先煮一鍋熱水，淋在蒸籠一到兩次，再以乾淨的冷水沖洗乾淨，蒸籠拿去曬太陽。如果曬得不夠的話，將三個蒸籠分開靠在牆邊即可。」最後不忘提醒我，有空再來鹿港玩。

在這個不景氣的年代，很多人買東西能省則省，盡量買最便宜的東西。但是這些便宜貨，通常用沒多久就壞了，甚至成分都是來路不明的原物料。與其提心吊膽的過日子，還不如好好的選一組貴一點、能夠用一輩子的物品！

聯絡資訊

鹿港手工檜木蒸籠
聯絡人：陳錦煌先生
電話：04-7770939
地址：彰化縣鹿港鎮中興里後車巷 27 號

學習手工竹編籃之路

等了十年的法國 T65 奧弗涅圓麵包
（Tourte Auvergnate ）

到底是什麼偉大的麵包值得等十年呢？ 2001 年我翻著書中的食譜，其中法國奧弗涅圓麵包需要直徑 22 公分的藤模，但該去哪兒買藤模呢？剛開始幾年因為找不到藤模而作罷。

這幾年因為生活方式改變，對於食物的所有來源，非得搞清楚不可，而且一定要追求原味天然無人工添加，進而對製作麵包的器具更加重視。幾年前羊發現台北的烘焙材料行開始賣藤模了，但這些來自越南的藤模還是讓我不放心，擔心藤模泡過藥水、漂白劑或防腐劑之類的東西，我遲遲未下訂單。

2011 年得知草屯台灣工藝所國寶級的李榮烈老師教授藤編和竹編，心想是否可能自己編藤模或竹編呢？之前曾聽說：「竹編很難，得自己取材、刮青、等分、劈篾、定寬、削厚到整修材料和編織，有人幾個月都還在劈竹子。」光聽到此，就讓人想打退堂鼓了，但如果不試試看，我永遠都不會啊！

我帶著英文烘焙書，硬著頭皮親自拜訪國寶級大師李榮烈老師，翻著書中的藤模照片，跟老師討論藤模的樣子和尺寸。

李老師說：「藤模的材料在進口時早已浸過許多藥水，編成藤模和市售的藤模是一樣的。不然你是否考慮用竹子編出竹模呢？不過得自己劈竹子。」李老師又說：「竹編真的很難喔！你真的要學嗎？」

我說：「要！」我請老師幫我訂製工具。我跟老師提到想做歐洲麵包。

李老師說：「民國六十一年，我在馬達加斯加島工作，教竹編和木工，當時吃到真正窯烤的法國麵包！」我又問：「是長棍麵包嗎？」我拿出麵包書的圖片，老師說：「是。」羊大驚說：「民國八十二年，我在馬達加斯加島東南邊的小島模里西斯工作。」而四十多年前老師居然在馬達加斯加島吃到窯烤法國長棍！

定寬

李榮烈老師

老師又說：「你要兩個月編出來，有一點困難喔。竹編很難，很多人都中途而廢，甚至幾個月都還在劈竹子。」

堅定學竹編的決心

前幾周我還在劈竹子，希望能有多一點進展。剛開始找到刺竹，這是天然野生的竹子，味道超好的，比起那些專門賣給竹編班的竹子味道好太多了。我每刮一次竹子皮，就抓一把竹子皮屑屑猛聞，超香的！因為刺竹有點乾了，班長鄭主任建議先泡水一個晚上。羊從來沒幫誰放過洗澡水，呵呵，第一次居然幫刺竹放洗澡水。

幾天前羊問老師：「請問老師，我之前訂購竹編的工具來了嗎？」（之前羊暫時先借用同學的工具。）

老師：「你真的要學嗎？」羊：「我真的要學啊！」

其他同學解釋：「因為很多人都陣亡了，所以老師才這麼問。」（這些同學都學十幾年了。）他們偷偷告訴我：「你就告訴老師你一定要學。」我趕緊大聲地再說一次：「老師，我一定要學！」

其實上了幾次課後，看到這些學了十幾年同學的作品，有人編籃子、有阿公為了剛出生的小孫子編了竹搖籃、還有人編了竹抽屜。我真的超想學的。現在想做的，不只是麵包容器，還有許多……

走過一甲子的竹編人生

1954 年，那時李榮烈老師年僅十八，原本就讀高工夜間部，因病輟學在家，休養期間得知「南投縣工藝研究班」招生訊息，報考並錄取成為竹工科第一期的學生，師承班主任顏水龍及老師黃塗山，開啟竹編工藝生涯。

同年他曾見過王清霜老師從日本帶回一個籃胎漆器，他表示竹編盤子上漆，紋路跟漆顏色搭配的感覺很好，當時將此事放在心裡，什麼時候可以學到

I　竹編的流程是：取材、刮青、等分、劈篾、定寬、削厚到整修材料和編織。

漆，就可以運用。後來甄試成為手工業研究所（今台灣工藝研究發展中心）的木工科技術員。在此之前，他曾待過惠台有限公司、順盈工藝股份有限公司多年，了解木工加工技術及具有外銷實務經驗。

1972 年老師三十六歲，參加外交部派駐馬拉加西共和國（今非洲馬達加斯加共和國）竹工隊技術員，擔任竹編教學工作。1984 年（整整隔了三十年）老師四十八歲，因手工業研究所聘請陳火慶教授漆藝，他開始向陳老師學習漆藝，促成了多年以來的想法——將竹編和漆結合，這種特殊技法稱為籃胎漆器。籃胎（竹胎）經過天然漆塗裝處理後，仍能透出竹胎精緻的紋路。李老師曾在竹編技藝面臨瓶頸，幸好當時陳火慶老師的漆藝講授，激發他進一步將竹編與漆藝結合，將天然生漆塗在竹編作品表面，這項高難度的「籃胎漆器」技法，也成為李老師作品上的重要特色。

1989 年老師五十三歲（學漆藝後五

年），他推出一套籃胎漆器茶具組到全國美展比賽，即獲得工藝類第一名。1994 年老師五十八歲，榮獲教育部第十屆「民族藝術薪傳獎」。李老師從五十八歲至今付出近二十年的心力，全然投入教授其所學，凡是邀請他教導的機構，遠至台北、宜蘭等地，他都不辭辛勞地每周搭車往來奔波。報載老師自從 2004 年（六十八歲）開始，在多所監所當竹藝講師，每周從南投草屯轉兩班公車到台中監獄授課，一小時師資僅四百元，他毫不在乎開懷地說：「給一個機會，說不定造就一位台灣之光！」去年年底李老師七十七歲時，獲頒「2013 年工藝成就獎」，他獻花感謝恩師黃塗山，展現傳承敬師精神。

網上許多關於老師的新聞和得獎無數的記錄，但老師從不提這些事，總是親切地告訴我該怎麼做竹編籃。羊衷心地佩服老師的毅力、決心和勇氣，我詳讀老師每年的新聞，換算成老師當時的年齡，我更佩服老師驚人的毅力，他內心惦記著自己想學的漆藝，

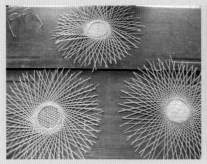

等待了三十年終於學會了。我每讀一次老師的新聞,便讓我更加感動,如果羊學麵包也能像老師這麼認真有毅力,總有一天,一定能成為專業的麵包羊!

用兩個月時間
全力編成麵包發酵籃

2011 年暑假羊第一次上課,一整天光劈竹子,劈到羊蹄差點廢掉。我再接再厲繼續努力,其實我也不知到底要劈幾個月的竹子。每周六的竹編課,我從未缺席,連續幾周之後,羊的貴人出現了!

竹編班班長鄭秀珍主任,國小主任退休七年,做竹編已經十七年了。鄭主任説:「我先教你用機器劈出來的竹片編簡單的輪口編。」我依樣畫葫蘆做了幾個輪口編,收口先以六角編固定,頂端再以藤皮和藤心固定。看起來簡單,但實際上製作時,得花幾天的時間,尤其是我這種生手。

試做幾個後,發現機器劈的竹片太寬,到時麵糰可能被黏住。鄭主任説:「那乾脆用我劈的竹片來做吧!」我們重新做過,她抽出之前劈六節的竹子再修過,為了夾住底層的竹片,我們做了雙輪口編,這的確很難,尤其對於剛接觸竹編不到兩個月的人來説。

鄭主任擔心我做不完,要我平常日再到她家做,經常傍晚解散回家,她又帶走半成品回家繼續做。最近幾周幾乎每周三到四天的時間,都是她陪我一起做竹編,而且大部份都是她做的,因為我的速度慢,而且當時書的截稿日近在眼前,緊張羊一直感受到做不出來的壓力,超級感謝鄭主任熱心幫忙,讓我在兩個月內完成六個發酵竹編籃。

我知道這是創舉,國內外沒人這麼做,戒慎恐懼,生怕一个小心就失敗了!在完成的那一天,為了慶祝終於做好六個發酵竹編籃,我笑著説:「一定要開香檳慶祝!」羊怕自己先醉倒,當天早上沒帶香檳,我帶了四方牧場

左為李榮烈老師、右為鄭秀珍主任

的乳清飲料，我說：「這是汽水配牛奶的飲料，等同香檳！」竹籃聞起來有股淡淡的竹香，就像是粽葉一般。

全部自製的手作魂燃燒

當天晚上睡前，我先用法國 T65 麵粉做了發酵麵種。隔天一早，加入加拿大有機石磨黑麥麵粉，繼續完成最後麵糰。第二次發酵將麵糰放入竹編籃中，其實還挺緊張的，擔心萬一失敗該怎麼辦，因為這是花兩個月的時間才做出的竹編籃。我小心謹慎地做了每個步驟，直到竹編籃倒扣出麵糰時，啊！好漂亮啊。竹編籃的紋路烙印在麵糰上，它超有彈性，不會有黏住的問題。送進烤爐，麵糰頂端稍微裂開，好像頂著帽子在微笑。

法國 T65 奧弗涅圓麵包加入大量的有機石磨黑麥麵粉，烘烤成很扎實香醇的黑麥麵包。我想起了法國普瓦蘭先生曾說過，無鹽奶油加入新鮮玫瑰花瓣，做成玫瑰奶油，最適合塗在黑麥麵包上。剛好和朋友一起去埔里「玫

開四度」，帶回了許多無農藥新鮮玫瑰花瓣，用手撕碎玫瑰花瓣和在奶油裡，稍加攪拌再冷藏，塗在黑麥麵包上。還有什麼麵包比奧弗涅圓麵包還好吃呢？每一口都是滿足啊！很高興我終於完成了！更高興的是，因為想做麵包發酵竹編籃，讓我有機會開始接觸竹編。

今天竹編班同學問我：「你完成了發酵竹籃，那你還會繼續上竹編課嗎？」我笑著說：「會，看到同學這麼多竹編作品，我還有新目標要繼續做呢！」

麵糰放入竹編籃發酵

烘烤

法國奧弗涅圓麵包
Tourte Auvergnate

主麵糰材料

新鮮酵母	10 克
水	880 毫升
發酵麵種	460 克
法國 T65 麵粉	300 克
有機石磨黑麥麵粉	1100 克
有機海鹽	24 克

總重 2774 克

做法

1. 攪拌缸內加入新鮮酵母、水、發酵麵種、T65 麵粉、黑麥麵粉和海鹽，混合均勻，以第一速打 5 分鐘，第二速打 7 分鐘。
2. 第一次發酵 50 分鐘。
3. 分成每個麵糰 690 克。輕拍空氣後滾圓，再塑成球狀。
4. 麵粉過篩平均撒在竹編籃內，將麵糰收口朝上，放入竹編籃並輕壓，蓋上塑膠袋，避免表面變乾。
5. 第二次發酵 1 小時 50 分鐘。
6. 烤盤上放置烘焙紙，將麵糰倒扣取出放在烤盤紙上。
7. 預熱烤箱 230℃（約半小時）。
8. 入爐前後各先噴蒸汽 5 秒。烤箱 230℃ 烤約 40 分鐘。

發酵麵種材料

新鮮酵母	5 克
水	320 毫升
法國 T65 麵粉	500 克
有機海鹽	9 克

總重 834 克

做法

溶解新鮮酵母於水中，加入麵粉和鹽，直到完全混合均勻，蓋上保鮮膜，靜置在 21℃ 處發酵 12～16 小時。

羊的拉陶課

手工陶模和法國亞爾薩斯咕咕洛夫麵包 (Kouglof)

多年前，我讀著法國咕咕洛夫麵包的食譜，但苦無模型，一直無法完成，直到前年買了第一個不沾咕咕洛夫模。有一回，羊跟中部電機的林俊宏經理談到自製竹編籃，他說：「曾在法國看到咕咕洛夫模是陶製的，台灣目前沒人做咕咕洛夫陶模。」好友 Lily 表示曾在法國北部亞爾薩斯地區，看到許多家傳幾代的咕咕洛夫陶模，掛在牆上。這一點更加強羊做咕咕洛夫陶模的決心！羊從未拉過陶，小時候也沒陶藝課可上，這件事我一直記著，希望有一天真能做到。

隔了一年多，某日和學生家長聊天，才知學生的父親是敏隆窯傳了四代的陶藝家，我非常開心地和家長說我想做咕咕洛夫陶模的想法，她熱心地說：「因為你沒拉陶經驗，我先生先幫你拉好陶模，我們再來討論怎麼做。」就這麼的，我找了所有法國咕咕洛夫模的照片，再加上我之前買的不沾咕咕洛夫模當作模型。2013 年 11 月，排除萬難，扣除爬溪頭、上書法、北上學法文的時間，還有許多瑣碎的事待做，獅羊填鴨學校晚上還得繼續，白天硬擠出時間，終於有空做咕咕洛夫模。

手工陶模初體驗

敏隆窯創立於 1792 年（清嘉慶元年），在南投市牛運堀設窯生產磚瓦。1920年七月祖父張難先生於牛運堀頭窯成立「張難土器工場」，隔年易名為「南投製磁公司」。1957 年父親張火旺先生於南投牛運堀尾窯成立「敏隆製瓦工廠」，921 地震後轉型為生活陶，生產包括茶具、茶杯、茶盤和花器等生活用品。

第四代的陶藝家張育漳先生說：「祖先最早在清末時做陶，第一代做陶水缸，後來被塑膠水缸取代；第二代做陶屋瓦，後來被鐵皮屋取代；第三四代改做茶壺和陶藝品。」

張先生先幫我拉了幾個陶模和圓柱體，張太太謝政芬則幫我試了好幾種方法，以手指和木條推出咕咕洛夫模的內外凹凸處，再加上黏上中心點的圓柱體，在他們熱心地幫忙下，每做一個咕咕洛夫模，我又更進步了。

在二至三周的時間內，我們終於完成了五個咕咕洛夫模！張先生幫咕咕洛夫陶模噴上不同復古的釉色，以1230℃的電烤箱烤上十四小時，再燜兩天，直到開爐，才知全部的咕咕洛夫模是否安好？羊的運氣很好，咕咕洛夫陶模平安出爐！

拜師學拉陶

羊為了能做出咕咕洛夫陶模的前半段——拉陶，小羊決定拜大師學拉陶，經由朋友介紹，得知南投市曾樹枝老師，得獎無數[2]。

曾樹枝老師的專長是「手擠坯」，羊曾在《國家地理雜誌》讀過，兩千多年前的兵馬俑製作，經學者推測從脖子到肚子的陶俑製作技法為手擠坯。當我告訴老師這件事，老師也覺得很有趣，一一拿出製作手擠坯的工具，讓我瞧瞧。根據《台灣美術史綱》，大約兩百多年前，清朝嘉慶年間，南投為台灣陶最早的起源地，逐漸普及到苗栗、台南、屏東、鶯歌、北投、淡水、新竹等地較小規模的生產[3]。他表示現在署立南投醫院位址為最早期的陶器製作地，羊因為好奇心，將這些原本不熟悉的領域串起來，原來就在我們眼前啊！

曾樹枝老師也是家傳四代的陶藝家，1949 年他追隨父親曾文先生前往水里學習陶製水缸，當年他只有十三歲。1952 年（十六歲）參加南投縣特產手工藝指導講習[4]。1966 年（三十歲）則在水里蛇窯工作，作品以生活用品為主，譬如水缸、甕、花盆等各種不同造型之陶藝品，老師當時的製陶技術頗受同業肯定。1981 年（四十五歲）南投陶製品因受到塑膠製品的興起而

2　南投縣 102 年傳統藝術保存者特展專輯寫著：
　　「曾樹枝老師，1936 年生，居住南投縣南投市。2013 年南投縣政府公告登錄為傳統藝術「傳統南投陶工藝——手擠坯」技藝保存者。傳統南投成型技法中之「泥條盤築法」又稱「手擠坯」。「手擠坯」成型先製作陶器的底部，再把搓揉成條狀的土條，沿著底部邊緣一層一層由下往上盤繞。過程中陶藝師用一隻手握著土條，一節一節推擠，另一隻手配合當壓，靠著雙手的力道將土條與土條之間接合穩固，再以陶拍將作品拍打結實。」
3　劉益昌等著，《台灣美術史綱》（台北：藝術家出版社，2013），頁 153。
4　國立台灣工藝研究所之前身。

132

敏隆窯 張育淳先生

敏隆窯謝政芬女士　　曾樹枝老師

羊的泡麵碗柴燒出爐　　柴燒 1230℃

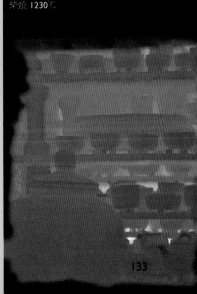

泡麵碗

漸漸沒落；此時鶯歌鎮之仿古藝術特大號花瓶興起，但當時北部製陶技術以分段式完成特大號花瓶，因此燒成率很低，而南投地區之製陶技術是以手拉坯、擠坯一體成型，燒成率很高，當年在朋友的引薦下隻身前往鶯歌工作。

他於 1994 年（五十八歲）退休回到南投，深感陶藝技術傳承之重要，於是成立個人工作室，並將技術傳授給學員。1997 年（六十一歲）於南投縣文化局舉辦第一次個人陶藝展。1999 年九二一地震前一個月，老師使用瓦斯窯燒製學員作品時，因瓦斯安裝人員換裝瓦斯時不慎發生嚴重氣爆，老師的身體受到百分之六十灼傷。受傷休息一年後，他因心繫對陶藝的熱愛及秉持對技術的傳承，在尚未痊癒的情形下，再次投入傳承陶藝的工作，成立了長青園陶坊。

我由衷地佩服老師的勇氣、毅力和決心。學員皆尊稱老師為「樹枝師」，羊下課後和樹枝師閒聊時問道：「最滿意的成就是什麼？」樹枝師笑著說：「最滿意的成就是希望陶器柴燒時燒得好、燒得漂亮，那就是最好了。」，我又問：「未來計畫？」他表示希望繼續教學。

學習製作一體成型的陶模

羊的運氣很好，能找到這麼好的老師學拉陶，羊一定要更努力！近八十歲的曾樹枝老師專業親切又沒架子，羊很快地進入狀況，我的第一堂拉陶課羊拉出一個泡麵碗！最開心的是我的泡麵碗居然跟上老師的柴燒預定日，放入柴燒窯，以1230℃燒上三天兩夜，同學們輪流守著，陶器在窯內再燜一周，才能開窯。

第一堂拉陶課讓羊的感觸頗多，當晚想煮大頭菜湯，正想清洗乾淨，看見大頭菜上附著的土，突然想起當天下午的拉陶課。拿起一坨陶土壓緊拍打固定，左手拇指下方的指根將陶土下壓，雙手縮緊拉高，拇指食指的相互合作，拇指和四指的運用兩手協調，換來一個個神奇的作品，有小茶杯和大碗公。用兩拇指併排，壓入陶土中杯內成型，稍不留意杯內會跑出小疙瘩。或許是回到最原始點吧！心情超感動。

拉陶時需要專注力，分心容易影響作品，羊得更努力才能進入禪定的境界。我從基礎學起，壓土、拉起、好好塑土球，再不斷地拉杯子，從小杯子到大杯子，經過三個月的練習，老師終於說：「我教你拉一體成型的咕咕洛夫陶模。」

我看著老師示範一次，心想我怎麼可能拉得出來？沒想到之前拉杯子的基本功發揮功效，我終於做到了！真開心。羊從一堆土塑形後，依序拉出咕咕洛夫陶模，因雙手都是濕的，製作過程無法拍照，只能拍成品照。但羊希望藉此機會記錄陶藝老師傅的技藝，感謝敏隆窯和樹枝師的協助，讓大家也能有機會學習陶藝製作。

法國咕咕洛夫也是某烘焙名店聖誕節的預購商品，羊為了不讓自己參加預購，決定自己做，而且還要使用羊製咕咕洛夫陶模製作喔。烘烤完成，哇！還是自己做的最好吃啊！尤其是在冬天，吃奶油麵包最好了。

聯絡資訊

敏隆窯
地址：南投市祖祠東路 30 巷 3 號
電話：049-2222447
（周一～五 10：00 ～ 12：00 / 15：00 ～ 18：00）

曾樹枝老師
地址：南投市南崗二路 643 巷 37 號
電話：049-2262520（上班時間）
手機：0919-006-625

5　「燒窯」的工作，須時時刻刻小心控制燃料和火候，溫度過高或不足，都會產生裂痕或中熟。

法國亞爾薩斯咕咕洛夫麵包
Kouglof

材料

新疆青提子	280 克
蘭姆酒	適量
（浸泡時剛好蓋過青提子）	
新鮮酵母	48 克
二砂糖	100 克
全脂鮮奶	340 毫升
雞蛋（小）	8 個
法國 T65 麵粉	1440 克
有機海鹽	16 克
無鹽發酵奶油	300 克
及多一些塗抹陶模（室溫軟化）	
有機萊姆皮（擦碎）	4 個
杏仁片	適量
無防潮糖粉	適量

做法

1. 先將新疆的青提子浸泡蘭姆酒 6 個小時。
2. 再將新鮮酵母、二砂糖、鮮奶、雞蛋、T65 麵粉、海鹽、奶油混合均勻，第一速打 5 分鐘，第二速打 8 分鐘，最後加入萊姆皮擦碎和瀝乾的青提子，以第一速打 2 分鐘。
3. 第一次發酵 40 分鐘。
4. 輕拍打空氣，滾圓，蓋上布巾，鬆弛 20 分鐘。
5. 分糰，每糰約 500 克，輕拍空氣，滾圓。麵糰中間挖洞，類似甜甜圈形狀。
6. 咕咕洛夫陶模內先塗上奶油，底部撒上杏仁片。再放入麵糰，麵糰表面（漂亮那一面）朝下。
7. 第二次發酵 1 小時 15 分鐘，直到原來的一倍大（陶模上蓋上塑膠袋，避免麵糰乾掉）。
8. 預熱烤箱 220℃（約半小時）。以 220℃烤 25 分鐘。
9. 烤好馬上倒扣將麵包取出，放在網架上待涼，4 小時冷卻後，再過篩上糖粉。

Chapter 6

非洲模里西斯的
工作體驗與食物回味

第一次出國去工作

模里西斯法國 T65 老麵種黑糖香草莢麵包
(Le pain macatia)

天氣漸漸熱了，開始想做印度菜。每次看到印度菜，總會想起二十年前在非洲模里西斯工作一年半的日子。當時羊二十多歲，和一般的上班族沒啥兩樣，努力工作，而且半工半讀。

但是羊資質駑鈍，只能盼著努力向上總有出頭天的日子到來。記得當年羊姊們個個都出國旅遊，羨煞了羊，也想出國開開眼界。無奈羊才剛開始工作沒幾年，羊姊建議我先存錢，別剛開始賺錢，即將錢花光。

後來每周日我總是到羊大姊家的頂樓吹吹風，抬頭看著北高線的飛機往返，我居然對著天上的飛機許願（還挺傻的，應該沒人會對天上的飛機許願吧！）：「我第一次出國，一定要老闆幫我付機票錢！」沒想到這個夢想居然成真，我第一次出國的機票錢的確是老闆幫我付，而且飛行十三個小時，飛到非洲東南邊的小島國模里西斯，一住就是半年。

模里西斯的人口主要由印度裔、非洲裔、華裔以及法裔組成，模里西斯 1814 年成為英國殖民地後，在 1834 年至 1921 年間，英國引進大約五十萬印度裔和亞裔勞工來到模里西斯從事甘蔗種植業、製造業、運輸業以及建築業。另外英國還帶進了八千多名印度裔士兵。所以，印度人口非常多。

當時羊所屬的工廠是專做外銷歐洲、日本郵購的高級女裝，我負責工業工程與管理的工作。被派到模里西斯的台灣幹部有四位，其他幾百位員工大都是印度裔和非洲裔。我們平時跟當地主任、組長溝通的語言是英文，但跟作業員溝通得說當地土話，我還用注音符號學了不少土話，至今難忘。其實也方便每周日上菜市場買菜以土話殺價。

模里西斯的台灣滋味

當時派駐當地工廠的台灣幹部有四位，我們除了工作分配外，因大家同住宿舍，早餐則是輪流打理，每周最

少都有一次機會幫同事們做早餐。周末我們一起到當地超市買熱騰騰剛出爐的法國吐司、菜市場喝椰子汁、買水果，和台灣雜貨店採購醬油、泡麵、罐頭等。

像我這種只會燒開水和煮泡麵的咖，在同事快速指導下，我開始煎荷包蛋和培根。我還記得準備早餐的當天得早起，大約清晨五點多吧！有一回，我煎培根，火開得太大，整棟房子冒煙了，剛起床的同事誤以為發生火災，把她們給嚇一大跳。現在想起來，真是不好意思，我煎得焦黑的培根，她們還是得忍耐地吞下。周末嘴饞想吃台灣食物，我和同事買了麵粉雞蛋，完全沒食譜，亂做蛋糕和銀絲捲，蛋糕做成功了，但銀絲捲就不太妙，長得像手指。可能是貪吃吧！試做的勇氣倒是挺足夠的。

回台後，只要看到跟模里西斯有關的任何消息，都會讓我想起在模里西斯的一切。最近讀了關於法屬殖民地留尼旺島的黑糖香草莢麵包，書中表示模里西斯也有相同的麵包。當年雖然沒吃過香草莢麵包，不過波本香草莢正是鄰居島國馬達加斯加的特產，想必好吃。我想試著做出模里西斯的麵包！

模里西斯法國 T65
老麵種黑糖香草莢麵包
Le pain macatia

材料

水	500 毫升
老麵種小黃	200 克
（做法請參考 P.104）	
新鮮酵母	20 克
法國 T65 麵粉	1000 克
有機海鹽	20 克
有機黑糖	250 克
有機香草精	20 毫升
黑芝麻油	適量
總重 2010 克	

做法

1　攪拌缸內加入水、老麵種、新鮮酵母、黑糖、T65 麵粉和海鹽混合均勻，以第二速打 7 分鐘，加入香草精再以第二速打 2 分鐘。

2　第一次發酵 2 小時。

3　分成每個麵糰 500 克，鬆弛 35 分鐘。

4　在揉麵板上以刷子塗上黑芝麻油，拍打麵糰，再收圓成球狀。

5　烤盤上放置烘焙紙，球狀麵糰縫隙朝下，放在烘焙紙上，麵糰表面撒粉。第二次發酵 2 小時。

6　預熱烤箱 230℃（約半小時）。

7　入爐前後各先噴蒸汽 5 秒。

8　烤箱以 230℃烤 15 分鐘即成。

難忘的異國回憶

暈船、大魚和模里西斯魚三明治
（Vindaye de Poisson）

當年在異鄉的工作雖然辛苦，但許多新鮮事都是羊的初體驗。以下為羊在模里西斯工作體驗實錄。

大哭的員工們

每天一早上班，總會打開全廠的麥克風，播放令人振奮的歌曲，員工們也會帶著他們喜歡的卡帶，放在錄音機前，等候隨時被播放。

有一回，隨意推進一卷卡帶，繼續播放著我們聽不懂的印度歌曲，過沒多久，許多印度裔的媽媽們紛紛停止車縫，哭得唏哩嘩啦的。我們完全不知發生了什麼事，走近正在哭泣的「瑪丹」（指已婚婦女），我以土話詢問：「怎麼啦？」瑪丹激動地以土話說：「Miss（她們稱我們為 Miss）*#$&()#@@！」後面那一段完全沒聽懂，於是再找組長以英文問到底發生了什麼事？

組長說：「錄音帶裡那位女人的故事真的好可憐！作業員們只要一聽到那首歌，馬上想起悲慘的故事。」印度歌曲通常是有故事的，當場趕緊把這卷卡帶給換了。

印度洋海釣記

剛到模里西斯的前三個月，恰巧遇到台灣大老闆來此視察。可能因為我們工作賣力，工廠出貨順利，老闆心情大好，二月中旬某個星期天在海邊度假旅館包下一艘遊艇，帶著我們連同工作人員共十人，前往印度洋海釣！YA！

前一晚過於興奮沒睡好，早晨六點搭小巴士出門，六點半旅館集合，走近旅館旁的海邊，腳踩著白色沙灘，看著純白色的遊艇，難掩快樂的心情，這可是我第一次在印度洋海釣啊！工作人員準備好海釣用具後，大夥兒上了遊艇。當遊艇漸漸駛離海邊，海水的顏色由淺藍轉深綠，兩眼瞪大，哇！海愈來愈深了。

隔了半個小時，再也看不到陸地，四周遠望，全都是湛藍的海洋。突然間眼睛一亮，數群光亮的物體從海裡竄出，仔細一看，是飛魚！一整群張開魚鰭飛翔的飛魚，在陽光下更顯得漂亮耀眼。只顧著欣賞四周風景，突然覺得有點反胃，同事事先套在我手腕上的止暈帶，好像無效了……

甲板上唯一的洗手台，成了我和另一位暈船的同事互搶的標的。工作人員沿途釣起各種大魚，每次釣起，大夥兒也跟著響起掌聲，我則邊吐邊鼓掌。也許工作人員想分散我暈船的注意力，在我腰間綁上內含固定釣竿的腰帶，當他們釣起大魚，趕緊將釣竿放進我的固定腰帶內。我需要很用力的轉動釣竿，與釣竿那一頭的大魚奮戰，比誰的力氣大。海裡釣到的大魚顏色無比鮮豔，一旦被拉出海平面，頓時失去原有的漂亮光澤。其實拉起釣竿的同時，我還是緊抓著洗手台，邊吐邊轉動釣竿，直到拉起一尾長約五十公分的大魚！

我們總共釣起三十多條大魚，最長約1.5公尺。原本計畫印度洋海釣時間為六個小時，大老闆看我們兩個狂吐不已，縮短行程，三個小時後返抵旅館。一進旅館，我們兩個已經完全虛脫，倒在床上完全動不了。經過幾個小時的休息後，才稍微能進食，因旅館規定所有的魚都得繳回旅館，我們一行人只能留下一條魚。大老闆請廚師做成生魚片，這也是我第一次敢吃生魚片，果然鮮美甘甜。廚房另備熱湯，讓大家暖暖胃。在淺盤中的熱湯，隨著每次湯匙的攪動，起了更多波浪，另一個同事說話了：「波浪又來了。」惹得大夥兒相視大笑，想起了剛才在遊艇上的一切。

模里西斯魚三明治
Vindaye de Poisson

材料

法國長棍麵包	數條
葵花油	3 大匙
新鮮鮪魚條	600 克
（每塊約 2× 2 公分）	
洋蔥（切成絲狀）	2 個
蒜仁	6 個
紅辣椒絲	2 根
薑（切成絲狀）	約 2.5 公分
黑芥末籽	2 小匙
薑黃粉	2 小匙
月桂葉	3、4 片
二砂糖	1 小匙
有機海鹽	1/2 小匙
白酒醋或有機糙米醋	200 毫升

做法

1　平底鍋內熱油，將魚塊放入，每面煎約 2 分鐘，再將魚塊取出，待涼，將魚塊放入有蓋的密封盒內。

2　將切絲洋蔥放入平底鍋中，以中火炒洋蔥幾分鐘，加入蒜仁、紅辣椒、薑絲、黑芥末籽、薑黃粉、月桂葉、糖、海鹽，拌炒後，再煮 3 分鐘。

3　炒好待涼，將炒料放入魚的密封盒內，倒入白酒醋，放入冰箱冷藏隔夜。

4　法國長棍麵包切半、再剖開，夾入餡料，即可食用。

{ **羊的烘焙手記** }

黑芥末籽可以用黃芥末籽取代，但味道不太一樣，黑芥末籽可在印度雜貨店購買。

五味雜陳的生活滋味

模里西斯香料茶蘭姆芭芭
(Spiced Tea Rum Baba)

模里西斯強颱來襲

剛到模里西斯的前幾個月，我首次經歷真正的強颱。

還記得是二月吧！模里西斯位於南半球，當時是夏天。我們僅知颱風即將來襲，其餘一律不知。夜裡早已備好的手電筒及蠟燭，一陣陣強風大雨掃過後，咦！停電了，電話也不通了，外面一片漆黑，我們就像被遺棄在一個孤島上。

和台灣的颱風相較，這大概就像台灣的輕颱一般，外頭依然下著大雨，居然連一點兒聲響都沒有，但屋旁的樹木早已東倒西歪。屋內顯得潮濕悶熱，直到幾個鐘頭過去了，雨稍歇，門外響起了敲門聲。

開門一看，當地華人財務經理 Henry，他手裡還拎著六個雞蛋來看我們，感動得差點流下淚來。他擔心我們連食物都沒有了，據他得到的消息，全島（全國）全部停電，路樹全倒，至於何時復電，沒人知道。

接下來，我們每天過著浪漫的生活，白天無法上班，一到晚上，屋內點上蠟燭，每晚躺在外頭的草皮上數星星。因全島停電，完全沒有光害，滿天的星星顯得特別多、也特別美，不時地可以見到流星。坦白說，那段期間真是模里西斯最美的時光！一周過去，全島才復電。當時覺得夜裡的燈光特別刺眼，開始懷念起停電的日子。

To Kiss Or Not to Kiss

在模里西斯參加至今難忘的告別式。有多難忘呢？請看下文。

當年外派到模里西斯工作（成衣業），除了負責全廠的工業工程與管理工作外，另外連成衣鎖眼釘扣組的大小事，也是由我負責，所謂大小事包括作業員的婚喪喜慶。

那年我才剛到廠工作一個月，連非洲土話都還沒學好，當時鎖眼釘扣組一

位組員 Sita 的媽媽不幸去世，我和組長一起到組員家參加告別式，行前問過其他台灣同事該注意什麼，居然沒人參加過也不知該注意什麼事，只好硬著頭皮看著辦。我永遠忘不了那一幕，一個極簡陋的小鐵皮屋，屋外已經排了許多想見 Sita 媽媽最後一面的親朋好友，我們魚貫而入。

就在快進屋時發現，前面所有的人皆親吻 Sita 媽媽的兩側臉頰！到底該不該吻呢？此時組長不知跑到哪兒去了，也不知該問誰，土話又不通，我緊張得像熱鍋上的螞蟻，真想丟銅板決定啊！

我愈來愈靠近大門了，心中更加忐忑不安，直到進了屋內，潮濕味道的屋內僅有一盞小油燈，地板是泥土。看著 Sita 媽媽安詳地躺在小油燈旁的床上，床上撒滿了各種鮮花，憔悴的 Sita 正跪在媽媽床邊，接受眾親友致意。我當下決定不吻了！只跟 Sita 握手表達慰問之意。回到工廠，告訴同事這件事，他們也不知該怎麼辦？最後問

了幾個印度後裔後，才知道只有親戚才需要吻別，好險我沒失禮！

多元融合後的模里西斯風味

看起來就好好吃的蘭姆芭芭（Rum baba），讓羊一看就好想做。這項甜點據說最早源自於波蘭，現今歐洲各國有各自版本的蘭姆芭芭做法。十八世紀法國北部開始有了蘭姆芭芭，而法國統治模里西斯期間為 1715 至 1810 年，羊推測很有可能是當時法國人將蘭姆芭芭帶進了模里西斯。

1834 至 1921 年，英國統治模國期間，引進了大量的印度裔勞工到模里西斯從事甘蔗種植業、製造業、運輸業以及建築業。因為模國的主要農作物甘蔗，亦是製作蘭姆酒和黑糖的原料，加上印度裔和法裔人口的影響，於是延伸出印度馬薩拉香料茶版本的蘭姆芭芭。從四面八方融合成的蘭姆芭芭，好像也讓羊想起用注音背當地土話殺價的日子了。

模里西斯香料茶蘭姆芭芭
Spiced Tea Rum Baba

材料

A. 芭芭（Baba）

未漂白低筋麵粉	75 克
新鮮酵母	20 克
全脂奶粉	25 克
二砂糖	15 克
有機萊姆皮（擦碎）	1 個
蛋黃	2 個
全脂鮮奶	55 毫升
（溫的）	
頂級無鹽發酵奶油	40 克
及多一點塗模用（室溫軟化）	

B. 香料茶糖漿

未精製模里西斯淡黑糖	200 克
二砂糖	200 克
水	300 毫升
馬薩拉香料茶（masala chai tea）	2 大匙
八角	5 個
小豆蔻夾	10 個
（cardamom）	
有機海鹽	1 小撮
有機萊姆皮（擦碎）	1 個
模里西斯香料蘭姆酒	70 毫升

做法

1. **製作芭芭：**一鍋內加入材料 A 的乾料，將低筋麵粉、新鮮酵母、奶粉、二砂糖和萊姆皮擦碎，混合均勻。
2. 取另一鍋，加入材料 A 的濕料，將蛋黃、溫鮮奶和無鹽奶油混合均勻。
3. 將濕料鍋倒入乾料鍋，混合均勻。
4. 取另一鍋，鍋內抹油，將麵糰放入，鍋上蓋上濕布，第一次發酵 30 分鐘。
5. 在馬芬模內塗上無鹽奶油，將麵糊分別放入模內，第二次發酵 30 分鐘。
6. 預熱烤箱 180℃（約半小時）。入爐烘烤約 15 分鐘，直到表面呈金黃色。
7. **製作香料茶糖漿：**將所有材料 B 放入鍋中以小火煮，攪拌約 5 分鐘，直到完全溶解。
8. 將糖漿放在淺盤待涼。將芭芭取出，放在盤上，再淋上糖漿，浸泡約 30 分鐘，才能食用。

羊的烘焙手記

未精製模里西斯淡黑糖遠企地下超市有賣，一般市售黑糖或有機黑糖皆可取代。而模里西斯香料蘭姆酒也可直接用台酒蘭姆酒替代。

Chapter

7

羊自助旅行的
滋味與複習

香港麥兜的雞球大包

每次想到香港卡通麥兜，腦海中馬上浮現兩條粉紅色圓滾滾的豬腿，原地踏步唱著：「大包再來兩籠，大包再來兩籠，也不怕。大包再來兩籠，大包再來兩籠，也不怕。吃了大包，長了腳瓜，貢獻我爸媽。」我尤其喜愛粵語版和歌劇版的唱法，隨時想到隨時唱，完全不考慮旁人異樣的眼光。

多年前豬年的農曆年期間，看電視打發時間，補足一整年看電視的分量，遙控器轉啊轉的，轉到了公視，突然看見一隻可愛的粉紅豬，正在賣力演出，好可愛喔！再也不想轉台，從此我開始瘋狂地愛上麥兜。

首先到 DVD 出租店，租了《麥兜故事》，一看再看笑到飆淚，後來繼續努力搜尋跟麥兜有關的 DVD，找到《麥兜和麥麥》，一樣令人捧腹大笑，看過 N 次也不厭倦。

獅羊數次入戲太深，經常有這樣的對話。

獅子：「你買的麵粉是哪兒做的？」
羊：「婆婆跟舅舅都住在加拿大。」

羊有一回撥了電話到出版社，按了分機 33，電話那頭出現機器的錄音：「分機 33（拉長音）」，我咯咯地笑了起來。因為同時想起了麥兜為了練習搶包山而爬櫃子，突然聽到麥兜的偶像香港奧運風帆選手李珊珊的到來，大喊了一聲：「珊珊」，教練黎根生氣地罵了一句：「珊你個大頭鬼」，瞬間櫃子上的蟑螂冒汗摔了下來。

羊問：「＊＊＊＊＊＊？」
獅子否定回答：「沒有魚丸、沒有粗麵。」（獅子學的腔調最像。）

一波三折的香港行

話說 2008 年暑假，獅羊決定不走張騫或成吉思汗的艱辛路線，為了麥兜決定到香港大吃二喝。原本是最輕鬆的路線，沒想到在網上訂購易 X 網的「機＋酒」行程，直到出發前一天的下午，突然發現我們沒拿到電子簽證，

趕緊聯絡易Ｘ網，而易Ｘ網居然説我們沒給！事實上一周前我們早就給了資料。下午最後時刻趕緊再申請電子簽證，獅子和牛（註：獅妹）的電子簽證都過了，但是我的電子簽證居然過不了（當時正值奧運期間），如果提早辦電子簽證沒過的話，還能有時間改辦台胞證。因為易Ｘ網的疏忽，就這麼美好的假期完全破滅！香港居然去不了。羊和獅子走遍世界各國，各種難拿的簽證都拿到了，居然香港進不去，真是感嘆啊！

實在不死心，三人繼續尋找放假日，好不容易找出共同放假日，安排機票和旅館，上一次恐怖經驗，再也不敢找易Ｘ網，這次是熟識的旅行社安排。我申辦台胞證，順便問了旅行社：「萬一香港海關還是不讓我進去呢？」旅行社説：「除非你是記者或黑幫老大的話，可能比較容易進不去。」心想我兩者都不是，去香港單純只是為了麥兜啊！

飛香港那天正是奧運最後一天，我想應該不會有什麼問題吧？滿懷著對麥兜雞球大包的想像，我們排在入關人群中，牛和獅子都順利地進關了，輪到我時，只見海關人員邊拿著另一張表格填寫，看來大事不妙。海關先生説：「小姐對不起！因為現在正值奧運期間，我們隨機挑選一些入關人員，做一些必要的訪查，請你先坐在這一區的位子上。」不會吧？我被電腦選花生的模式挑中了嗎？

接下來另一位先生又過來了，説道：「小姐對不起，因為現在正值奧運期間，我們隨機挑選一些入關人員，做一些必要的訪查。現在我帶你到另一個訪談房間，請不要緊張，我們只是做一些簡單的調查。」（OS：是我看起來緊張？還是他們的固定用語？天啊！還要耗掉多少大吃二喝的時間啊！）

推開那道神祕的大門，門口的人員要我交出手機的電池，裝在夾鍊袋內，

並且告訴班機號碼和英文姓名。房間內有不少被電腦選中的入關人士，其中有廣東經營皮件工廠的老闆，還有來自台灣的媽媽帶著小孩要去迪士尼樂園，無辜地都成為訪談的對象。那位皮件老闆不知哪來的電池，拚命以台語高聲講著手機，把海關們惹得很不高興。至於那對媽媽帶著小孩，正在無辜地對訪談的海關訴說著他們只是要去迪士尼樂園。我則無事可做，只好拿出香港地圖開始研究一番。

海關快問快答

終於輪到我了。海關小姐以非常不輪轉的中文問我問題，我很努力地聽著，生怕聽錯了。

海關女：「你從何時開始計畫來香港？」
羊：「自從開始看了香港卡通麥兜故事。」（我不知是否聽懂，但是她的表情，忍住了！好像想笑但不敢笑。）
海關女：「你來香港做什麼？」
羊：「為了吃東西。」
海關女：「你帶了多少錢來香港？」
羊：「近三千港幣。」再補上一句：「四天這樣夠吃嗎？」（海關的表情，微笑。）
海關女：「你的工作是什麼？有名片嗎？」
羊拿出名片，還好上頭有英文，我覺得她好像不太了解中文。
海關女：「你有回程機票和旅館預訂單嗎？」
羊：「在朋友身上，朋友在外面。」

海關女：「我帶你出去找朋友，我需要影印本。這樣再過十分鐘，你就可以出去了！」

海關女跟在羊後頭，出去見到了獅子，帶著回程機票和旅館預訂單，我又回到了神祕的房間。經過十分鐘，我終於被放出來了。同時想到麥兜到長洲尋找黎根的過程：「長洲！我來了！」我也要大喊一聲：「香港！我來了！」突然覺得香港比中亞的烏茲別克還難進去。這麼一折騰下來，原本牛計畫好的每餐，已經完全少掉一餐。

每天照著計畫大吃二喝，但是現在香港唯一還賣麥兜的雞球大包，只剩下蓮香園，得每日一早抵達，還得有體力搶到限量供應的雞球大包。我們每天從早吃到晚，還是爬不起來，蓮香園的雞球大包就這麼擦肩而過了。

有一回在書店烘焙區書架最底層找到一本香港點心的食譜，裡面居然有雞球大包！這幾天如法炮製一番，看著雞球大包的照片，想像著雞球大包的味道。原本照著書上的方法做雞球大包的麵糰（皮），但是失敗了！颱風天裡又做了老麵種等方法的麵糰，表面還是爆不開，查了資料，需加阿摩尼亞粉（臭粉）才會爆開。我不想為了賣相而加阿摩尼亞粉，好吃健康最重要，這是羊版的雞球小包。

羊的雞球小包
Jumbo Chicken Bun

材料

A. 麵糰

未漂白低筋麵粉	60 克
（過篩）	
二砂糖	6 克
葵花油	3 毫升
新鮮酵母	3 克
水	35 毫升
無鋁泡打粉	2 克
（過篩）	
有機海鹽	I 小撮

B. 雞肉內餡

雞胸肉切細條	50 克
二砂糖	5 克
有機海鹽	I 克
黑麻油	3 毫升
醬油	2 毫升
蔥	3 克
水	8 毫升
未漂白低筋麵粉	8 克
（過篩）	

做法

I **製作麵糰**：將材料 A 混合均勻，並搓成軟滑麵糰，按扁，不斷地拉麵糰直到有彈性。

2 蓋上保鮮膜，第一次發酵 30 分鐘。

3 分成 4 個，每個約 28 克。

4 **製作雞肉內餡**：將雞胸肉、二砂糖、海鹽、黑麻油、醬油、蔥和水混合均勻，倒入炒鍋，開中火，拌炒均勻，待滾加入低筋麵粉，快速拌勻，熄火待涼，分成每個約 15 克。

5 先將小麵糰包入雞肉內餡，底部放烘焙紙，放入蒸籠內，再發酵 20 分鐘。

6 鍋中燒熱水，待水大滾時，放上蒸籠，蓋鍋蒸 9 分鐘。

到越南庇護中心上烹飪課

椰奶紫米甜湯實作
(Sweet purple sticky rice with coconut milk)

幾年前當我計畫到越南河內前，找了相關烹飪課的課程。中文導覽書說明了五星級索菲特旅館的越南菜烹飪課程；《Lonely Planet》書中介紹了索菲特、Hoa Sua School 和 Highway 4 三家；另外 Footprint 出版的《Vietnam》介紹了三家索菲特、Hoa Sua School 和 Hidden Hanoi。我一家家上網找，希望可以找到真的不錯的烹飪課。

2009 年暑假抵達越南北部河內，住進了預定的旅館，當天下午遇見網上聯絡所有事項旅館經理的助理 Mr. Phong。這家三星級的旅館雖小，但是服務非常好，房間住得很舒適。熱心的 Mr. Phong 和我打了招呼後，開始泡起老人茶，邀請我們（羊帶著羊三姊兩位就讀於國高中的女兒，到越南自助旅行）聊天喝茶。

虛榮羊一度希望可以在五星級的旅館上烹飪課，我跟 Mr. Phong 提出我的想法，他說：「不要吧！五星級旅館的烹飪課是給觀光客上的。如果你想知道越南菜如何烹調，只要到街上的小吃店或餐廳，告訴她們你想知道如何做越南菜，她們一定會告訴你的。」關於這一點，經過幾天和熱情友善的越南人相處，我覺得真的是如此，但是我不會越南話，還是得上說英文的越南烹飪課。

我又提問：「但是五星級索菲特旅館會帶我們去菜市場買菜！」他義憤填膺地說：「他們可能只會帶你們去超市買兩棵菜，就算是去過菜市場了。」他在鍵盤上 key-in 幾個字後說：「如果你們真的要去上烹飪課，去這裡吧！」他轉了電腦螢幕朝向我們，螢幕上出現 Hoa Sua School 的網頁。

學習料理同時助人

哇！我之前已經找過 Hoa Sua School 的資料，但是網上對於烹飪課說得不清楚。這裡原本是專門幫助那些殘障或家庭有狀況的青年，訓練他們擁有一技之長，包括烘焙烹飪縫紉調酒等等，而且越南有六家餐廳咖啡館、麵包店和縫紉店提供他們就業機會。

到翡翠號旁銷售貝殼紀念品的小船

下龍灣水上人家

下龍灣翡翠號（EMERAUDE）觀光遊輪的餐廳

Mr. Phong 馬上說：「如果你想知道更多訊息，我幫你打電話。」我說好。得到的答案是要親自到庇護中心的餐廳，選擇自己要上課的內容，隔天就可以馬上上課。後來想想，如果要當個有貢獻的觀光客，也該將美金貢獻於有意義的地方，這樣又能幫助到那些需要幫助的越南青年，而且我覺得這是很好的機會，讓羊三姊的兩位女兒，第一次自助旅行，除了嘗試烹飪的樂趣，同時亦能體會到自己一點點小決定，就能幫助當地人。

離開 Moca Café 後，我們走向庇護中心的餐廳，中午正熱，走得滿頭大汗。我們來到一座有小庭院的餐廳，說明來意後，餐廳服務人員（即那些學生）很有禮貌地要我們先坐下休息，送來茶水。負責烹飪課程計畫的小姐拿著資料前來，說明越南菜烹飪課有十種選擇，每種有四種菜色搭配，要我們先選擇預訂。瀏覽許久終於確定，我們決定上一整天的課，全部八道菜，而且還得請主廚帶我們到菜市場參觀。

決定後心想先嘗嘗學生做的菜色如何？不如就在這兒用餐吧！我們點了芒果蝦子沙拉、海鮮椰絲沙拉、羅望子醬汁燴鴨子、香草煎鮪魚和炸雞排。每一道菜出現時，我們趕緊拿出相機拍照，隔桌來自西班牙巴塞隆納的四位中年男士女士，似乎對於我們拍照的舉動感到有趣，開始跟我們聊天說笑。兩種沙拉在我們驚呼尖叫好吃聲中，一掃而空！至於羅望子醬汁燴鴨子，哇！很久沒吃到這麼好吃的鴨子，尤其是搭配酸酸的羅望子醬汁。另外還有香草煎鮪魚和炸雞排，味道都不錯！我們對於明天的烹飪課愈來愈期待了。這一餐花了我們五十萬越南盾（約美金三十元），這可是我們在河內吃過最貴的一餐了，但是非常值得。

飯後繼續前往美術博物館，走了好遠才到，進館參觀後，突然下起大豪雨。後來連孔廟也去不了，我們躲到庇護中心的另一個咖啡館，躲了兩個小時，吃了布丁和西瓜汁後，雨依然下得很大，最後請店經理幫我們叫計程車。在等計程車的空檔，和店經理聊了起來。

我很好奇地問：「為什麼河內有這麼多人會說英文？甚至是雜貨店的老闆娘。」她說：「因為河內有很多外國觀光客。」我又問：「她們在哪裡學的英文？」她笑著說：「她們沒去學校學英文，反而是有空時彼此多練習英文。」哇！這些人真有毅力啊！

上市場走進當地生活

讓人期待的時刻到了！今天是我有史以來第一次上烹飪課，也是兩個小朋友首次上烹飪課，我們顯得格外興奮。早上八點半在庇護中心的餐廳集合，和主廚 Mr. Hai 碰面後，搭乘計程車一起前往河內最大的菜市場。才剛下車，主廚 Mr. Hai 說：「左手邊鐵皮內賣的是 dog meat！」我愣了一下，他接著問：「你不知道 dog meat？」我說：「dog？狗肉？不會吧！」腦海中突然想起書上說的「狗肉是河內的名菜」，我們三個覺得吃狗肉挺可怕的，而且狗那麼可愛，嗚！難怪街上連隻流浪狗都沒有。後來幾天我們不敢亂點有肉餡的菜餚，擔心吃到狗肉。

走進蔬菜雜貨肉攤，透過鏡頭，我不打閃光燈，這就是當時的光線，有點暗、有點不清楚，主廚 Mr. Hai 說：「菜市場全年無休，越南人每天上菜市場買菜，永遠買到最新鮮的菜。」主廚帶我們到固定供應菜肉給庇護中心學校的批發商參觀，介紹了許多越南特有的蔬菜香料和魚肉。每次出國旅遊，我最想逛的地方是當地傳統菜市場！因為只有在菜市場才能看出當地人真正的生活。我的魚露和春捲皮，就是在菜市場中主廚推薦下買的。

回程搭計程車往庇護中心學校專屬廚房途中，開始跟 Mr. Hai 聊了起來。他說：「我今年三十三歲，已經有十五年的廚師經驗，其中一年待過南韓，為了學韓國菜和日本料理，那一年我學會了韓文。」我再問：「那您的英文是何時學的？」他說：「在六年前學了六個月。」

主廚的英文說得相當好，這裡專為外國觀光客開的烹飪課已經超過五年的歷史，由此推估當初主廚為了觀光客的烹飪課下了不少苦工。兩位小朋友又再次受到要好好學習英文的激勵！Mr. Hai 是位幽默風趣細心有效率的主廚，很高興當初旅館經理助理 Mr. Phong 的建議，讓我們能真正學到越南菜的做法，而且是非常美好的一天！

烹飪課時間，上課了！

一踏進庇護中心學校專屬廚房，同學們很有禮貌地對我們打招呼。Mr. Hai 帶我們參觀學校的各種設施，除了烹飪烘焙教室外，還有調酒餐廳和縫紉教室。在縫紉教室門口 Mr. Hai 提醒我們，對教室內的學生揮揮手，因為她們都是聾啞學生。曾在成衣廠工作過的羊看了縫紉機的牌子，順口說了：「這是縫紉機中最好的牌子。」Mr. Hai 說：「這些縫紉機都是英國女王捐贈的。」他又說：「在歐洲很多人知道我們的學校，但在亞洲反倒知道的人不多。」

進入今天的第一道菜：椰奶紫米甜湯。舒服的廚房空間，有冷氣空調，乾淨的廚房配備，主廚 Mr. Hai 有效率地按照步驟解説示範，我們圍上圍裙，雙手用肥皂洗淨，跟著做每個動作，而非只是看著主廚做。剛開始有點手忙腳亂，不過漸漸地愈來愈有趣。煮完紫米甜湯後，再淋上椰漿，用細木籤劃上花樣。我們劃花樣時，因內外方向弄錯，主廚 Mr. Hai 笑著説：「好像牆上的蜘蛛網啊！」呵呵，真困窘。

直到傍晚上完八道菜後，主廚 Mr. Hai 拿出一本筆記本，要我們留言。順便瞧瞧筆記本上有哪些國家的觀光客留言過，哇！我們居然是第一批台灣的觀光客來此上烹飪課！主廚 Mr. Hai 説：「希望以後有更多台灣人能到此上烹飪課！」我允諾回台後，好好宣傳 Hoa Sua Training Restaurant 庇護中心之烹飪課。我覺得美食旅行不僅是個人的小世界，如果能順手幫助當地人，旅行將變得更有意義，而且也能改變自己的生活。

庇護中心上課資訊
主廚：Chief of Cooking class：Mr. Nguyen Phuong Hai
上課地點：1118 Nguyen Khoai dyke-way, Linh Nam,
Hoang Mai Dist, Hanoi
電話：（84）04.36 43 46 80

右邊為主廚 Mr. Hai，左邊為廚房助理

熟透的紫米

椰奶紫米甜湯

Sweet purple sticky rice with coconut milk

材料

紫米	200 克
糖	150 克
鹽	1 小匙
椰漿	100 毫升

做法

1. 浸泡紫米 1 小時後，以電鍋煮到熟透（若為台灣紫米，得浸泡一夜）。
2. 將煮熟的紫米放入鍋中，倒入適量的水，小火煮到軟，而且有點稠，加入糖和椰漿，攪拌均勻。
3. 放入碗中待涼後，放入冷藏。取出後表面淋上椰漿，再畫上花樣。

下著大雪的聖誕節回憶

製作德國聖誕蛋糕
（Christmas Stollen）

1999 年，羊在德國的羅騰堡度過聖誕節，外頭正下著大雪，當時投宿的民宿提供聖誕禮物讓我感到很窩心。當天的早餐除了德國黑麵包外，最讓我回味無窮的就是德國聖誕蛋糕了！

直到回台後，每到聖誕節更讓我念念不忘德國聖誕蛋糕。意外興奮地在台北市某麵包店找到，該店一向以其乳酪蛋糕聞名。前幾年能買到德國聖誕蛋糕已經很滿足，但第三年再次購買時，發現漲價了，漲價其實我可以接受，可是居然偷工減料！這是我無法接受的（呵呵，這是支持我持續做烘焙的意念，因為買不到最好的）。

一氣之下決定自己做，找了國外好幾本食譜，目前國內市面上銷售德國聖誕蛋糕史多倫（stollen），許多都走日系風，只有加入肉桂粉，麵糰中間包入杏仁膏。比較之後決定，還是德國出版的食譜最道地，裡面要加入六種香料，且將杏仁粉直接揉進麵糰內。

羊找齊了所需的六種香料外，再來最

困難的是糖漬橘皮。坊間賣現成的糖漬橘皮，除了防腐劑外，就是紅色青色染色劑。國內栽種的各種品種柑橘皮做成的糖漬橘皮，我全都試過，成果還是不夠好，不過幸好我找到法國沙巴東糖漬橘皮，味道非常好，既然是自己做德國聖誕蛋糕，應該做到最好。果乾的部分，原本食譜中只用了葡萄乾，為了賣相好看，我改成新疆的青提子、有機藍莓乾及有機紅櫻桃乾。

材料中的小豆蔻、胡荽子及丁香都需要經過研磨，使用磨豆機磨製香料，精油香氣出不來，還是石臼好。橢圓形的肉豆蔻直徑約兩公分，需要用小刀慢慢挖出一片片碎片後再研磨過，用石臼慢慢研磨，突然有種巫婆的感覺！其實有市售現成的肉豆蔻粉，不過現挖的肉豆蔻還是最新鮮的。

至於美國杏仁果粉，請勿使用南杏或北杏，味道完全不同。烘焙材料店的杏仁果粉，可能沒那麼新鮮。最好的方法是使用無鹽原味美國杏仁果，先

羅騰堡

紐倫堡

用熱水燙三十秒,瀝乾後立刻用手指抓取杏仁果尾端去皮,再用咖啡磨豆機或其他穀物機研磨成粉,新鮮現磨的杏仁粉,含有豐富的油脂和香氣。

最後撒上無防潮糖粉,蛋糕終於「下雪」了,如果沒馬上食用完畢,請用保鮮膜包好,冷藏前記得將糖粉去掉(因無防潮糖粉會直接滲入蛋糕內),否則會影響蛋糕的風味。蛋糕完成後可以再冰上幾天,味道極佳!這幾年每到十一月,就是我準備德國聖誕蛋糕的時刻,在聖誕節前幾周準備好,放在冰箱中冷藏讓風味更融合,等到聖誕節時刻,就是最好吃的時候了。

羅騰堡

紐倫堡

資訊

1. 石臼哪裡買?
新北市中和區華新街(緬甸街)的緬甸商店
花蓮鎮一大理石廚具
地址:花蓮縣吉安鄉吉太街 275 號
https://www.facebook.com/JEMarble。

2. 如何目測判斷糖粉是否添加防潮粉?
結成塊的糖粉,就是無添加防潮粉。

德國聖誕蛋糕
Christmas Stollen

材料

葡萄乾	100 克
有機藍莓乾	100 克
有機紅櫻桃乾	100 克
蘭姆酒	200 毫升
（1 杯）	
未漂白中筋麵粉	375 克
（3 又 3/4 杯）	
新鮮酵母	45 克
二砂糖	50 克
（4 大匙）	
溫牛奶	100 毫升
（1/2 杯）	
有機海鹽	1 撮
肉桂粉	1 撮
小豆蔻粉	1 撮
（cardamom）	
薑粉	1 撮
胡荽粉	1 撮
（coriander）	
丁香粉	1 撮
（cloves）	
肉豆蔻粉	1 撮
（nutmeg）	
雞蛋	2 個
頂級無鹽發酵奶油	175 克
（室溫軟化）	
糖漬橘皮	200 克
現磨杏仁果粉	100 克
頂級無鹽發酵奶油	75 克
（隔水融化）	
無防潮糖粉	適量

做法

1 葡萄乾、有機藍莓乾及有機紅櫻桃乾浸泡在蘭姆酒中，放置隔夜。

2 中筋麵粉過篩，麵粉中心加入新鮮酵母、1 大匙二砂糖及溫牛奶，在室溫下放 15 分鐘。

3 加入剩下的糖、鹽、肉桂粉、小豆蔻粉、薑粉、胡荽粉、丁香粉、肉豆蔻粉、雞蛋及軟奶油，攪拌平順。

4 平均揉入糖漬橘皮、現磨美國杏仁果粉及浸泡過瀝乾的果乾。蓋上毛巾，放至溫暖處，醒到原來的一倍大（麵糰非常黏手）。

5 預熱烤箱 220℃。將麵糰分成兩份。在烤盤紙上撒上少許麵粉，麵糰亦撒上少許麵粉，摺疊成三層，放至溫暖處，醒到原來的一倍大。

6 烤箱 140℃。放入烤箱烘烤 40 到 50 分鐘。

7 取出熱的 Stollen，將隔水融化的奶油平均倒在 Stollen 的表面上。待涼後，表面再撒上少許的糖粉即可。

羊的烘焙手記

烘烤時先預熱烤箱至 220℃，麵糰入爐前改成 140℃，先讓烤箱充滿高溫的環境，讓剛入爐的麵糰表面固定上色，再以 140℃ 慢烤，讓其內部熟透而不至於太乾。

加州的獅媽揉麵課

回味美國胡桃派
（Pecan-pie）

優勝美地國家公園

2000 年冬天，羊辭去電子廠廠長職務，前往獅子位在美國加州 Ventura 的家，小住幾個月。白天我跟著獅媽去社區的語言學校上英文課，下午時光則看著獅媽如何做出各種中式麵食，我的揉麵工夫受到獅媽的啟蒙，假日則是到當地的農夫市集採購。

最近託溪頭山友幫忙買核桃，不過那天她說：「很抱歉！買錯了，買成了胡桃。」其實我想買胡桃已經很久了，剛好買錯了，太好了。以前看到胡桃的食譜，我總得自動換成核桃，此次終於可以做胡桃派了。烤好的胡桃派蘊含著蜂蜜和黑糖的香甜，再加上胡桃豐富的油脂，好吃極了！

Ventura 港口

美國胡桃派
Pecan-pie

材料

A. 派皮

低筋麵粉	250 克
二砂糖	25 克
有機海鹽	1 大撮
頂級無鹽發酵奶油	125 克
（室溫軟化）	
水	4 大匙

B. 內餡

頂級無鹽發酵奶油	75 克
（隔水溶解）	
黑糖	100 克
有機香草精	1 小匙
蜂蜜	100 克
有機海鹽	1 小撮
雞蛋	2 個
切碎的胡桃	200 克

做法

1. **製作派皮**：先將材料 A 混合均勻，做成派皮，包上保鮮膜，放入冰箱冷藏 30 分鐘。

2. 預熱烤箱 180℃（約半小時）。取出派皮，派皮上下各鋪保鮮膜，以擀麵棍擀開。

3. 去掉上層保鮮膜（底部保鮮膜還在），派皮迅速地倒扣在直徑約 24 公分的活動菊花派盤硬模上，去掉原本在底部的保鮮膜，稍微整理派皮，派皮表面以叉子扎過，入爐烘烤，烤 10 分鐘。

4. **製作內餡**：派皮放入冰箱冷藏時，同時將無鹽奶油、黑糖、香草精、蜂蜜、海鹽和雞蛋，攪拌均勻後，加入 150 克切碎的胡桃，混合均勻。

5. 烤箱烘烤派皮約 10 分鐘後，馬上取出將內餡倒入派皮上，表面鋪上剩下的胡桃（約 50 克），繼續以 180℃烘烤約 30 分鐘（餡料必須烤到呈固體狀）。

第一次一個人的日本自助行

製作日本有機玫瑰麵包
（Rose Petal Bread）

1997 年春天，為了證明我能獨自自助旅行，問了獅子該去哪兒？獅子建議第一次自助就去日本京都吧！春天剛好可以賞櫻。出發前，獅子給了我十多本書，不只是旅遊資訊，還有日本歷史文學相關書籍。雖然這些書全讀完，但膽小羊還是擔心獨自出國啊！

出發日期愈逼近，羊愈害怕，再加上周圍同事直問我：「真的要一個人出國嗎？」讓我有了更糟的想法，乾脆七天躲起來，不要出國好了，到時候再拎日本名產出現，羊內心不停地掙扎，但理性的一方告訴自己不能這麼孬。後來羊真的出發了，傍晚時分抵達大阪機場，問了服務台，搭了公車到了大阪梅田。當年日本年輕人的髮型流行染各種顏色的龐克頭，好不容易終於找到一位髮型顏色看起來頗正常的 OL 女性上班族。

羊：「Excuse me ！」
OL 一聽到英文，嚇得拔腿就跑。

羊無言：「我我我……只是要問路啊！」天色漸黑，我只好搭計程車，招到第一位計程車司機，他用手比如何走，可能是太近了不想載。第二位計程車司機終於願意載我，原來就是這麼近。接下來幾天，因為擔心自己會迷路，沿途拿著指南針、地圖和筆記本記錄往京都的電車，只差沒沿途撒麵包屑。羊陸續去了清水寺、哲學之道、平安神宮、南禪寺、嵐山和銀閣寺，搭公車時還搭錯，幸好有幾位熱心的媽媽幫助我。直到回台，羊帶著滿滿的勇氣回來，真的一點兒都不可怕！

專業器具的美味加持

最近讀了麵包書，其中有一篇關於「櫻花麵包」，日本師傅運用鹽漬櫻花揉進麵糰內。當時靈機一動，雖然我沒有京都的櫻花，但是我有埔里的有機玫瑰花瓣啊！這是新烤箱購入後，試做的第四款麵包。

那些攪拌盆、發酵盒、烤盤、發酵帆布等物，還真不是普通的重啊！偏偏羊全身上下都是肥肉，就是不長「肌肉」，連洗都洗不動。所以買了專業烤箱後，還得配上孔武有力的幫傭，否則怎麼做得動？還好有孔武有力、筋骨柔軟的獅子幫忙，這些盆盆罐罐總算能夠清洗乾淨，而且眾多重物都虧她幫忙搬動，否則到現在我們恐怕連一個麵包都吃不著呢！

對於材料的選擇，我有一定程度的堅持，否則如何做出讓人感動的麵包呢？

原配方加入麥芽精和維他命 C 溶液，我則捨棄不用。我想試用最簡單、最頂級的食材，長時間低溫發酵，到底能做出何種麵包呢？有了攪拌機後，攪拌麵糰容易多了，但必須時時注意

攪拌的溫度和麵糰的狀況，是否能夠拉出薄膜，都是關鍵。我沒上過坊間的烘焙課，這些烘焙的「眉角」，全靠書中的照片和過去書中曾學過或是聽過的經驗來判斷。有一點冒險，更是多一份刺激，這樣的環境，才能激勵及精進我的麵包技藝。

發酵箱的使用，更能讓小麥的風味完全展現出來。在發酵箱中的麵糰，是否能平安長大成為健康的麵糰呢？經過第一次發酵，白白胖胖的小麥麵糰，混合著有機玫瑰花瓣淡淡的清香。哇！真是太優秀的麵糰了！以前我最怕玫瑰系列產品，能不選玫瑰盡量就不選。因為我是那種一聞玫瑰味道馬上會頭暈的羊，但此次的有機玫瑰花瓣真是大大的不同，光聞花瓣香，非常舒服的味道，再和入麵糰，一股香甜味撲鼻而來，害我差點抓起生麵糰直接咬兩口。

烤好嚐起來的味道如何呢？真是超級好吃！買專業烤箱、發酵箱及攪拌機，真的很值得。最後要大大鼓勵在埔里栽種有機玫瑰花的玫開四度，謝謝他們，讓我們能吃到如此美味的玫瑰麵包！

日本有機玫瑰麵包
Rose Petal Bread

液種材料

水	500 毫升
新鮮酵母	2 克
高筋麵粉	500 克

總重 1002 克

做法

盆中加入水和新鮮酵母，再加上高筋麵粉攪拌均勻。蓋上保鮮膜，放在 21℃處發酵 6 小時。

麵糰材料：

水	150 毫升
新鮮酵母	3 克
液種	1002 克
有機糯米粉	25 克
高筋麵粉	250 克
有機海鹽	14 克
有機乾玫瑰花瓣	10 克

總重 1454 克

做法

1　攪拌盆內加入水、新鮮酵母、液種、糯米粉、高筋麵粉、海鹽，以第一速攪拌 5 分鐘，再以第二速攪拌 6 分鐘。加入玫瑰花瓣，再以第一速攪拌 2 分鐘。

2　第一次發酵 3 小時（1.5 小時摺疊麵糰一次）。

3　桌上撒粉，分成每個 60 克，滾圓，鬆弛 20 分鐘。

4　滾圓，封口朝下，每七個小圓球排成一朵花。

5　第二次發酵 40 分鐘。

6　烤箱預熱 230℃（約半小時）。

7　撒粉，花瓣邊各剪一刀。

8　入爐前後各先噴蒸汽 5 秒，烤箱 230℃烤約 20 分鐘。

從很久很久以前的那次旅行說起

製作俄羅斯復活節乳酪蛋糕
（Vatrouchka）

1998 年暑假，火車緩緩地駛近蒙俄邊境，原本晴空萬里的蒙古天空，瞬間成了陰霾憂鬱的陰天。獅羊從蒙古國那達慕大會結束後，一路往北搭火車進入俄國，到達蘇武牧羊北海邊的「貝加爾湖」，待了一個多星期後，再搭西伯利亞鐵路，四天三夜由東往西跨越歐亞界區（在西伯利亞鐵路上逃票！欲知詳情請看《地圖上的藍眼睛》一書），最後抵達莫斯科。後來又去了金環，搭火車往北到聖彼得堡，再回莫斯科，一路搭火車往南到喀山，再轉搭輪船沿著伏爾加河，經過一天一夜抵達薩拉朵夫。一個多月的日子，除了俄羅斯東部沒去之外，幾乎跑遍全俄國。

出發前特別到台北市中國青年服務社學初級俄文，獅子學得很好，我除了「您好」和「謝謝」的俄文還記得，其他全都還給俄文老師了。俄羅斯是一個很特別的國家，在俄國境內旅行的時候，很想離開，但離開時，又特別想念。有趣吧！我們不斷地往返於俄羅斯的城市和鄉村間，我很不喜歡

莫斯科，但特別喜歡俄羅斯的鄉下。鄉村熱情的俄國大媽，雖然言語不通，經過比手畫腳後，大概能知道大媽的意思。

每次抵達新的地方，我總是習慣拿起購物布袋，上街採買日常用品，譬如：紅茶、餅乾、義大利麵、俄國黑麵包、蔬菜和雞蛋（因為在俄國上餐廳的費用很高，所以我們帶著兩個大鋼杯和三支電湯匙，一路上煮著各種簡單的食物）。每次買東西，順便偷瞄俄羅斯大媽都買些什麼，大媽一定會用俄文問我從哪裡來？聽多了同樣的俄文，羊也能用很不輪轉的俄文回答來自哪裡。

有一回，想吃西洋梨，路邊擺了許多俄國大媽家裡種的成堆西洋梨，有綠的、紅的。心裡想著只要買兩個就好了，選了兩個綠的西洋梨，不知該怎麼問多少錢？只好掏出一大把零錢，讓大媽自己拿。大媽拿了五盧布（相當新台幣三十元），當時覺得有一點貴，但是想想無所謂，正想離開時，

突然聽到大媽說了一大串俄文，我聽不懂，接下來連其他俄國阿伯也加入了，他們似乎想表達某件我聽不懂的事。我搖搖頭，表示聽不懂。大媽大概知道該怎麼跟我說，用手比了我的購物布袋，要我打開布袋。接著把我剛剛挑過的那一堆十五顆西洋梨全都倒進了我的布袋。哇！我當時驚訝地說不出話，原來俄國的水果是成堆的賣啊！終於懂了，五塊錢盧布買到十七顆西洋梨，彼此呵呵大笑。

從對烘焙一竅不通到今天

讀著俄羅斯食譜，我又陷入了俄國旅行的回憶，想吃俄國的美食。一看到俄羅斯復活節乳酪蛋糕食譜，馬上想起十三年前，獅子獨自製作俄羅斯藍莓派，羊在一旁猛流口水，什麼忙也幫不上，當時的我，對烘焙烹飪一竅不通，困窘極了。那天跟獅子說了這事，獅子說：「現在你可厲害了。」突然很想搖一下大尾巴。

獅子說：「俄羅斯真正的乳酪蛋糕以農村自製乳酪製作，這種乳酪嘗起來濃郁滑順，吃起來有一點點酸。」雖然今年的復活節已經過了，法國老阿嬤的改良版俄羅斯乳酪蛋糕，需要法國的白乳酪，有一點點酸味，吃起來剛好。最近獅媽剛從美國回來，帶了復活節的彩蛋和兔子，一起入鏡吧！法國白乳酪的微酸，搭配酥脆的派皮，更好吃了。

俄羅斯復活節乳酪蛋糕
Vatrouchka

材料

A. 派皮

低筋麵粉	250 克
二砂糖	25 克
有機海鹽	1 大撮
頂級無鹽發酵奶油	125 克
（室溫軟化）	
水	4 大匙

B. 內餡

雞蛋	2 個
二砂糖	100 克
有機香草精	1 小匙
有機海鹽	少許
法國白乳酪	500 克
（fromage blanc）	
有機萊姆皮（擦碎）	1 個
新疆青提子	125 克
溫水	適量
（剛好蓋過青提子）	

做法

1. **製作派皮**：先以低筋麵粉、二砂糖、有機海鹽、無鹽奶油和水，混合均勻，做成派皮，包上保鮮膜，放入冰箱冷藏 30 分鐘。

2. 預熱烤箱 200℃（約半小時）。取出派皮，派皮上下各鋪保鮮膜，以擀麵棍擀開。

3. 去掉上層保鮮膜（底部保鮮膜還在），派皮迅速地倒扣在直徑約 24 公分的活動菊花派盤（硬模）上，去掉原本在底部的保鮮膜，稍微整理派皮，派皮表面以叉子扎過，入爐烘烤，烤 10 分鐘。

4. **製作內餡**：先將青提子浸泡在溫水中。

5. 派皮放入冰箱冷藏時，同時將雞蛋、二砂糖、香草精、海鹽混合均勻，再加入白乳酪、萊姆皮和瀝乾的青提子，混合均勻。

6. 馬上將內餡倒入派皮上，繼續以 200℃，烘烤約 30 分鐘。

我心中的美食天堂

製作烏茲別克麵包（饢）
Uzbek Flatbread（Non）

烏茲別克的饢到底該怎麼做？十六年前，連續造訪外蒙古、俄羅斯、哈薩克、烏茲別克、吉爾吉斯及中國新疆後，幾年後再次重回中國新疆、哈薩克及兩次外蒙古。2007 年數次思考該再重回哪一國？突然想起了當年在烏茲別克愜意的生活。嗯，再去烏茲別克吧！

哪裡是「美食天堂」？那就是烏茲別克。光視覺效果就已經讓觀光客有大爺般的享受，隨處可見餐廳放置類似台灣早期的雙人木床，鋪上色彩鮮豔的手工刺繡布塊，上方再放上手工刺繡的軟墊，床中心放上一個小矮桌，所有的人都是靠坐在木床上享受每一餐。再往上一看，上方是結實纍纍的葡萄，在葡萄樹下用餐多麼愜意啊！早餐有各式各樣眾多的水果、果醬、饢、茶、咖啡、奶油、雞蛋、優格和各式乾果等等，這只不過是民宿家的早餐而已。現在想起來還是讓人很亢奮，午晚餐有饢、烤羊肉串、手抓飯、沙拉、優格、茶、各式乾果及眾多各式水果等。

兩次的烏茲別克行，除了塔什干、撒馬爾罕、布哈拉、基發外，我最喜歡張騫出西域東部的費爾干那盆地，至今它依然保有原來的樣貌。西邊城市隨著觀光客愈來愈多，已經不復當年純樸了！但費爾干那盆地外國觀光客極少，得有水土不服的心理準備。2007 年烏茲別克行，讓我真正體會到「回不來」的恐怖經驗！

塔吉克切菜的媽媽

左前方為新鮮無花果

費爾干那盆地賣果乾的老先生

塔什干菜市場賣桑椹的小販

費爾干那賣饢的小販

費爾干那茶屋餐廳

布哈拉賣烤肉串的小販

撒馬爾罕好吃的手抓飯

水土不服也阻止不了的饞

從塔什干往東進入費爾干那盆地，什麼東西都沒吃，我覺得肚子不太舒服，接下來每兩小時準時報到伴隨肚子痛的狂瀉，原本以為休息就好了，吃了止瀉藥完全無效。那四天讓我感到度日如年，只能喝水，我建議獅子出門觀光吧！我只要隨時抱著衛生紙即可，別無所求。羊的費爾干那記憶，只剩下民宿家浴室那台高級韓國製洗衣機，當我痛苦不堪時，我至少還能將羊頭靠在洗衣機上方，細讀各種操作圖案，聊表慰藉。

回塔什干前，希望能再次拜訪陶藝家Rustam Usmanov（魯斯坦‧烏斯馬諾夫），我們驅車前往，陶藝家熱情地接待我們，他除了現場示範拉陶技藝供我拍照外，還送給我們陶藝攝影專輯。另外在馬爾吉蘭民宿家的巷子口，發現一家最大烤饢專賣店。拿起兩個相機，連忙進屋致意，點頭並說出烏茲別克語您好，雖然羊水土不服已經四天了，但是難得見到烤饢專賣店，奮不顧身趕緊一連串的搶拍，終於了解饢是怎麼貼上的。

抵達塔什干，司機帶著獅子跑遍塔什干的大藥局，買當地生產的某種超貴抗生素，將肚子裡不論好菌壞菌全殺了，我才上得了隔天的飛機。還敢去費爾干那盆地嗎？朋友問。如果再去烏茲別克，我最想去的還是費爾干那盆地！

烏茲別克之旅，讓我對烏茲別克的饢至今難以忘懷。獅子從美國亞馬遜網路書店找到食譜，嘴饞的我開始試著做烏茲別克的饢，經過幾次實驗成功後，有了最新的做法。因我沒有貼饢專用石窯（或土窯），幾度折衷實驗後，烘烤的同時，在一般烤箱底盤丟入冰塊，自行製作有水蒸氣的烤爐。

至於麵餅中心的印子，烏茲別克有專門的木頭製的饢戳可用，多謝獅子發明捆好牙籤的方法克服。不知當初漢朝張騫出西域時，是否也像我們這麼饞？

馬爾吉蘭烤饢店

馬爾吉蘭烤饢店正在貼饢

準備貼饢

拜訪陶藝家 Rustam Usmanov（魯斯坦‧烏斯馬諾夫）

已經貼好饢

187

烏茲別克的饢
Uzbek Flatbread (Non)

材料

新鮮酵母	**30** 克
二砂糖	**2** 小匙
有機海鹽	**1** 大匙
（15 克）	
52℃的溫水	**2.5** 杯
橄欖油或蔬菜油	**0.5** 杯
未漂白中筋麵粉	**8** 杯
無鹽奶油	少許
牙籤	**1** 包
橡皮筋	數條
冰塊	**1** 包

做法

1　新鮮酵母、二砂糖、鹽及溫水 **0.5** 杯混合平均。

2　慢慢加入橄欖油或蔬菜油及剩下的溫水，再平均撒入中筋麵粉，先用木匙攪拌，然後用手揉直到變成堅硬的麵糰。

3　揉到麵糰有彈性，不再黏手。如有需要再加入麵粉。將麵糰放置在輕微塗上奶油的攪拌盆內，蓋上毛巾，放在溫暖處。讓麵糰醒至原來的一倍大，約 **1** 小時。

4　烤箱預熱 **250**℃（約半小時）。

5　麵糰分成八球，在撒上麵粉的桌上擀圓，保持周圍厚、中心薄直徑約 **15** 公分。

6　用橡皮筋將牙籤捆起來成直徑約 **3** 公分的圓柱，以尖銳的牙籤在圓形麵餅中心，烙上數個印子。在麵餅表面灑上一些水。

7　以烤箱 **250**℃，放入每盤 **2** 個，烤約 **20** 至 **25** 分鐘。同時在烤箱下方的另一個烤盤內丟入一些冰塊，讓烤箱在烘烤時保有蒸汽的狀態。直到烤成金黃色。

塔吉克的茶壺茶杯、費爾干那陶藝家的陶製點心盤、手發的小泥人和烏茲別克的饢戳。

熱情好客的蒙古味

製作蒙古家庭酸奶麵包
(Homemade Kéfir Bread)

有人問我:「做麵包的時候在想什麼?」做麵包的時間的確都很長,除了熟記製作過程外,腦袋裡不斷地一直跑著,跑著旅行的各種回憶、跑著對麵包的熱情和感情,想像著麵包的味道。光是一瓶四方牧場的克菲爾優酪乳,初嘗其味道,感動得讓我的眼淚差點掉來,就是這個光!這是一瓶充滿蒙古風味的優酪乳!

從 1998 年到 2006 年,我們總共去了三趟蒙古國。蒙古人的好客、熱情,讓我們永遠都忘不了。在蒙古東部草原奔馳,問個路、打聽一下最新消息,陌生的蒙古人馬上端出家裡自製最好的優格、酸奶塊、奶霜、奶茶和點心,招待來自遠方的我們。我們跟這些蒙古人素昧平生,也許這輩子只見這麼一次面,他們本著蒙古人千年來的傳統,對草原上的朋友一律熱情招待。回台前,我們還特別訂製了蒙古長袍,蒙古朋友說:「沒問題,我幫妳們寄回台灣。」

回台後,只要開車時,車上播放的音樂一定是蒙古流行音樂、蒙古長調、馬頭琴。每聽一次,便更懷念在蒙古旅行的日子,我知道自己還會再回蒙古。或許上輩子是蒙古人吧!加了優酪乳的麵包,到底是何種風味的麵包啊!烘烤好的家庭式酸奶麵包,剛咬下的那一瞬間,並沒有優酪乳的味道,細細品嘗美味,直到快吞下時,哇!優酪乳的味道才完全展現出來。

蒙古家庭酸奶麵包
Homemade Kéfir Bread

材料

新鮮酵母	15 克
水	250 毫升
未漂白高筋麵粉	550 克
有機石磨全麥麵粉	150 克
優酪乳	275 毫升
頂級無鹽發酵奶油 （室溫軟化）	35 克
有機海鹽	15 克
總重	1290 克

做法

1 攪拌缸內加入新鮮酵母、水、高筋麵粉、石磨全麥麵粉和優酪乳，混合均勻，以第一速打 5 分鐘，再以第二速打 4 分鐘，加入無鹽奶油和海鹽，第二速繼續打 4 分鐘。
2 第一次發酵 2 小時。
3 分成每個麵糰 250 克，鬆弛 20 分鐘。再塑成長棍狀，平均撒上麵粉。
4 最後發酵 1 小時。
5 撒粉，麵糰表面劃兩刀。
6 預熱烤箱 210℃（約半小時）。
7 入爐前後各先噴蒸汽 5 秒。
8 烤箱 210℃烤約 28 分鐘。

╭ 羊的烘焙手記 ╮

· 羊這裡用的四方牧場優酪乳，這是我們吃過最好的優酪乳，以四方牧場的鮮乳為原料，加入克菲爾菌發酵而成，完全原汁原味。像極了我們在蒙古國東部草原吃過的新鮮優酪乳。

· 自製優酪乳：將四方全脂鮮奶 1 瓶（946 毫升）加入 1 小包（1.5 克）雙比菲克菲爾菌搖勻，放入優格機內，靜置 14 至 16 小時。

九年後的新疆回味

製作新疆拉條子
(Xinjiang Langmen)

2001 年羊在北京市華聯超市內的書屋買到新疆拉條子的食譜，當時我剛自學烹飪，翻了書覺得不太好做，但是很懷念新疆小吃，還是硬著頭皮做了「新疆拌麵」。

十六年前的那一趟旅行，我們在新疆待了一個多月，從吉爾吉斯共和國進入中國的喀什，當時獅羊是第一批從吐爾喀卡特關口進入中國的台灣人士，上中巴公路，直抵中國和巴基斯坦的邊境（海拔 4800 公尺），再繞行塔克拉瑪干沙漠，由南往北穿越塔克拉瑪干沙漠，搭乘當地巴士在大雪紛飛的十月夜裡翻越天山，到達北疆。那一個多月裡，餐餐吃的都是新疆拌麵！

新疆可選擇「民餐廳」或「漢餐廳」，我們習慣選擇較乾淨的「民餐廳」（即清真餐廳），每盤人民幣八塊錢的新疆拌麵，好吃又吃得飽。上中巴公路時，途中經過海拔三千八百公尺的塔什庫爾干，晚餐時間點了新疆拌麵，我們的嚮導董先生說：「怎麼這麼久還沒來啊？我去廚房瞧瞧。」原來塔什庫爾干的海拔太高，使用壓力鍋還煮不熟，所以得等久一點。有趣吧！

2002 年開始試做新疆拌麵，看著書中的說明，可能是經驗不足，做出來的拉麵，每拉必斷，有時甩著不知麵條飛向何方！但是因為饞念很重，所以做了幾次拉麵拉不起來，改成用手掌的力道，勉強擠出幾條麵條，炒了拌麵的菜，湊合著吃了幾回。不知為何，這幾年來，一直沒什麼念頭想再重試新疆拉條子，可能是失敗機率百分百吧！直到最近朋友找我們一起去吃台北的新疆餐廳，突然讓我想重試新疆拌麵。在做新疆拉條子之前，我想了又想，反省當初失敗的可能原因，謹記可能再次失敗的步驟，小心揉麵。

揉出麵糰的那一瞬間，麵糰摸起來的感覺格外不同，我開始有預感，這一次應該會成功！果然照著步驟，有些時候需要心領神會，新疆拉條子的「眉角」真是不少啊！我終於做出真正的新疆拉條子了！差點感動地得淚流滿面，經過了九年，我才能領略這其中的奧妙！我樂得要獅子趕緊幫我拍下這難得的拉麵畫面，愈拉愈興奮，往後有貴賓來，一律招待新疆拌麵。

新疆拉條子
Xinjiang Langmen

材料

A 麵條

水	230 ～ 250 毫升
（視天氣而定）	
有機海鹽	4 克
未漂白中筋麵粉	400 克
橄欖油適量	

B 拌麵料

羊肩排	150 克
紅椒和黃椒	各 1 個
紅番茄	2 個
青椒	半個
中洋蔥	1 個
蔥	少許

調味料

孜然粉	少許
花椒粉	少許
胡椒粉	少許
蒜末	少許
有機糙米醋	1 大匙
有機海鹽	適量
橄欖油	適量

做法

1　**製作麵條：**先將海鹽溶入水中。

2　將中筋麵粉放入盆中，加入淡鹽水，先將麵粉搓成梭狀（中間圓，兩頭尖，不要太粗），然後再揉成糰，醒 10 分鐘再揉一遍，再隔 15 分鐘再揉一次，充分揉透。蓋上保鮮膜，總共大約醒 40 分鐘。

3　將麵糰分成 8 個小麵糰，搓成 I 公分寬的長條狀，並且抹上植物油，蓋上保鮮膜，再醒 30 分鐘。

4　大鍋中的水燒開，將醒好的麵糰用雙手捏著兩頭，上下抖動拉長。

5　來回摺 2 ～ 3 次，拉成直徑為 0.2 公分的長條。下入開水鍋中，全部拉好下完後，再加兩次水煮熟，煮透麵條。

6　然後撈出過兩次冷水。讓麵條充分冷卻收縮，有筋道感，口感更加爽滑。

7　**製作拌麵料：**將羊肩排切成丁狀，抹上一些孜然粉。

8　洋蔥切成片、番茄切成條、青椒紅椒黃椒切成片。

9　將橄欖油燒熱，加入切好的羊肉丁，翻炒至發白收縮時，放入蔥、鹽、花椒粉、胡椒粉略炒幾下，加入洋蔥、番茄、彩色椒略炒幾下，最後再加入醋和蒜末即可。

10　將煮熟的麵條放入炒好的菜中，再拌炒幾下，味道更加入味。

遇見斯里蘭卡百年窯烤麵包店

斯里蘭卡砂糖鮮奶麵包實作
（Sri Lanka Sugar and Milk Bread）

2013 年農曆年前，羊決定獨自到斯里蘭卡自助旅行。Ella 位在東南邊山裡的小鎮，前後就兩條街，沒了。走在街上的觀光客比當地人多，抵達當天傍晚，吹著風，晚上很冷！羊住在一家人經營的民宿，一張床一間衛浴，門口有個陽台，可遠眺前方的茶園。

行前特別讀了旅遊書中提供 Ella 區的烹飪課程，希望學習斯里蘭卡烹飪技巧，不過尚未確定要去哪家上烹飪課。羊閱讀了從康堤購買的斯里蘭卡食譜書內容，這些不就是我沿途購買各種雞肉麵包、魚乾麵包等的做法嗎？突然覺得很開心，如果能看到當地窯烤麵包店，那該有多好啊！再細讀 Ella 地圖，其中有家麵包店，但走了兩回

都見不到麵包店，我不死心，走近旁邊巷內，開始用羊鼻猛聞：「有麵包香啊！到底在哪兒啊？」左邊黑色木窗內最可疑，窗邊有幾袋麵粉。我將羊頭伸進窗邊問：「可以拍照嗎？」有一位黝黑男士笑著說：「可以，從前門進來吧！」原來麵包店的前門是雜貨店。

進門後，眼前有好大的一個柴燒窯正在烘焙麵包呢！感動到好想哭啊！連續拍了一個多小時後，該告辭了。我問：「明天幾點做麵包呢？可以拍照嗎？」麵包師傅說：「明天上午十點半來吧！」本來還在猶豫到底該上哪家烹飪課，沒想到居然是烘焙課！斯里蘭卡曾經是荷蘭、葡萄牙和英國殖

民地，雖然沒產小麥，但到處可見麵包的蹤影。我除了對窯烤麵包有興趣外，更想知道斯里蘭卡的麵包是如何做出來，我從早上十點半，跟著麵包師傅站到下午三點半，除了中間發酵時間，跑到前面餐廳吃頓飯外，其他時間，我都站在現場看著師傅加入所有材料。

今天換了另一位麵包助手，他正在以油燈燒熱塑膠袋封住麵包的袋口，當我們習慣用封口機或自動黏膠封住塑膠袋口時，看到如此的景象，真難想像我到底是活在哪個年代？旁邊的大攪拌缸正咚咚直響攪拌著麵糰，熱烘烘的石窯內正燒著柴火，待一切就緒，只需打開石窯的那道木門，清空餘燼，陸續將烤盤送入，才算完成了大半。從攪拌麵糰、第一次發酵、分糰、醒發、塑形、第二次發酵，直到入爐烘烤，全程最少四小時以上。麵包師傅很大方地將他的食譜給了我，何時要注意什麼，隨時提醒我，甚至還讓我戳他的麵糰，感受麵糰的狀況，還讓我練習小麵糰。

以前我做麵糰分糰時，總是斤斤計較差多少公克，師傅使用天平秤麵糰，速度之快，每糰大小都一樣。麵糰包入鹹內餡，譬如：以咖哩粉、馬鈴薯泥、椰肉、洋蔥等拌勻，再加入臘腸或是魚乾；甜麵包則是往麵糰外面撒上砂糖。

他們能用簡單的英文溝通，但無法書寫英文。我問住哪兒？麵包師傅住在廟附近，大約十分鐘；助手則住在山上。年輕麵包師傅皮膚黝黑，留著落腮鬍、赤腳、瘦長的身形，快速地做著每個步驟，當他做下一個動作時，總不忘提醒我，他知道該放慢腳步讓我拍照，但對於我一整天都待在廚房，抓著鏡頭對著他猛拍，有時還是會露出不好意思的笑容。羊吃完午餐後，我問他們何時吃午餐？他們說等下午三點以後才能吃。直到麵糰送入烤爐，已是下午兩點多了，他們還是沒閒著，繼續做著大量的蛋糕，先將麵粉過篩在桌上，呈圍牆狀，再將奶油雞蛋攪拌後，倒在麵粉圍牆內，用手拌勻，再用手一坨坨將麵糊甩入烤模，每一糰力道之精準，讓我為之折服。

下午三點多，麵包陸續出爐了。殖民文化留下的麵包，已經融入當地的飲食，喝著奶茶、配著一個個甜麵包或鹹麵包，真愜意啊！我雖然沒做麵包，但五個小時的拍照，讓我已經累得不得了了，買了今天的各種麵包，準備作為隔天上路的餐點。今天的麵包烘焙課，讓我大有斬獲，感謝這兩位不藏私的麵包師傅。他們說：「你還會回斯里蘭卡嗎？」我說會。他們說：「下次再回來找我們！」

斯里蘭卡砂糖鮮奶麵包
Sri Lanka Sugar and Milk Bread

做法

1 先將無鹽奶油和麵粉 500 克用手搓揉均勻,放入攪拌缸。

2 再加入新鮮酵母、二砂糖、雞蛋、溫的全脂鮮奶(用手指確認不燙手)、剩餘的麵粉和海鹽(照食譜做有時還是會有狀況,麵粉量得根據當日溫度濕度再調整)。

3 以第一速攪拌均勻約 5 分鐘,再用第二速打約 2.5 分鐘,拉出薄膜。

4 放在 27℃ 處,第一次發酵約 1 小時。

5 預熱烤箱 220℃(約半小時)。

6 麵糰分成每糰 100 克,稍微滾圓,鬆弛約 30 分鐘。

7 用手小心拍打部份空氣,將麵糰目測分成三等份,從上方三分之一處往下摺,再將麵糰翻轉 180 度,再將剩下三分之一往內摺,封口以手掌封好,塑成小長棍狀。靜置第二次發酵約 30 分鐘。

8 表面塗上蛋黃,撒上二砂糖,以 220℃ 入爐烘烤約 18 分鐘。待涼即可食用。

材料

頂級無鹽發酵奶油	120 克
(硬狀、切小塊)	
未漂白高筋麵粉	1900 克
新鮮酵母	75 克
雞蛋	2 個
全脂鮮奶	1200 毫升
有機海鹽	2 小匙
二砂糖	7 大匙
蛋黃	約 5 至 6 個
(塗表面)	

微醺的滋味

製作西班牙辣味香腸麵包
(Pain au chorizo)

2004 年我和羊二姊一家四口到西班牙巴塞隆納自助旅行後，瘋狂地迷上下酒菜 TAPAS。當時被西班牙一天五到七餐吃飯加點心時間搞得糊里糊塗的，傍晚時分還不算是吃晚餐的時間，肚子餓得咕咕叫。看到一家 TAPAS 專賣店擠滿人潮，神智不清地只想吃東西，竟走了進去。坐下後點了幾個 TAPAS 嘗嘗，既然是下酒菜，當然要來點酒嘍。

侍者說：「來點甜甜的水果酒。」心想也還好，雖然羊平日只要喝一口紅酒，兩眼馬上傻掉，成呆滯狀。肚子正餓，TAPAS 又好吃，對甜甜的水果酒毫無警戒，喝了大半。直到起身準備離開，才發現大事不妙，我的腦袋完全空空，幾乎快走不回旅館，緊拉著羊姊的衣服，慢慢地總算走回旅館。

當時特別難忘的是，包車前往巴塞隆納東北邊 133 公里處的中世紀古城貝薩盧（Besalú），全鎮人口只有兩千多人，現今仍保留中世紀的樣貌。我很喜歡貝薩盧石砌的古城，沿途安靜無聲，迎面而來的當地人紛紛跟我們打招呼，問了計程車司機才知道，他從

來沒載過亞洲人來此。再者我喜歡鑽進巷弄間的書店，尋找當地的烘焙烹飪食譜書，這些書店提供的食譜書，比起網路書店提供的書籍精彩多了。

出發前羊最擔心被搶，還事先演練各種狀況，有一回傍晚時分，我們搭地鐵再走一小段路前往高第奎爾公園，緊張羊前後左右東張西望，生怕一不小心就被搶了！沒想到羊因過度緊張錯過該左轉的巷子持續前進，突然後方出現口哨聲，我更擔心是搶匪的暗號，告訴羊姊一家快走。那位「疑似搶匪」的人跑了過來，直接站在我們的前方說：「你們是否要去高第奎爾公園？」我很害怕地回答是。他說：「你們走錯了，前面的巷子要左轉。」發抖羊總算鬆口氣，趕緊道謝。

看到西班牙辣味香腸麵包，想起了在巴塞隆納吃到的美味，獅子居然說：「辣味香腸直接給我吃吧！」我說：「不行，太貴了！還是讓我做麵包吧！」咬一口後，真美味啊！歐洲麵包的風味完全散發出來，法國麵包師傅的食譜真厲害。

202

西班牙辣味香腸麵包

Pain au chorizo

發酵麵種材料

新鮮酵母	1 克
水	235 毫升
法國 T55 麵粉	360 克
有機海鹽	6 克
總重 602 克	

做法

溶解新鮮酵母於水中，加入麵粉和鹽，直到完全混合均勻，蓋上保鮮膜，靜置在 21℃ 處發酵 16 小時。

搭配孟買牛肉咖哩一起吃。

主麵糰材料

新鮮酵母	20 克
水	1000 毫升
法國 T55 麵粉	1300 克
有機石磨黑麥麵粉	350 克
發酵麵種	600 克
有機海鹽	30 克
西班牙辣味香腸切片	150 克
（Chorizo）	

總重 3450 克

做法

1　攪拌缸內加入新鮮酵母、水、T55 麵粉、黑麥麵粉、發酵麵種和海鹽，混合均勻，以第一速打 15 分鐘，加入西班牙辣味香腸切片，第一速繼續打 2 分鐘。第一次發酵 20 分鐘。

2　分成每個麵糰 320 克，鬆弛 20 分鐘。再塑成長棍狀。

3　最後發酵 1.5 小時（發酵溫度 25℃）。

4　預熱烤箱 250℃（約半小時）。

5　入爐前後各先噴蒸汽 5 秒。

6　烤箱 250℃烤約 25 分鐘。

廚師帽的魔力

製作法國 T65 老麵種長棍麵包
（La baguette）

還記得唸小學時，曾看過一張照片，法國媽媽抱著長棍麵包，幸福地走在街上。這張照片對我影響深遠，直到長大後，依然幻想身處法國抱著長棍麵包，幸福地走在街上。

1999 年獅羊到法國巴黎跨千禧年，一心盼望著買法國長棍麵包，在巴黎唸書的獅妹特別選了一家好吃的麵包店，買完後交給我，讓我一路抱回家。我終於體會到為何抱著法國長棍麵包會有幸福的表情，一路上抱著剛出爐長棍麵包，長棍的高度剛好在我的臉部附近，麵包的香味不斷地瀰漫在我的鼻子周圍，一路上拚命聞著天然發酵的麥香，臉上自然有幸福的表情。

「做長棍很難」這句話在羊的內心，是始終揮之不去的陰影，自從多年前試做第一次長棍麵包後，羊沮喪地徹底放棄。這麼多年來，我最愛吃的麵包還是長棍麵包，我總是一家家麵包店買長棍，因為我做不出來啊！事情總是會有轉機的，為了做出好吃的長棍麵包，羊試著重拾信心，先從養液種（Poolish）開始吧！

「如果戴上廚師帽是一種魔咒，能讓雙手做出好看又好吃的麵包，羊情願一直被蠱惑著……」獅子說：「戴上廚師帽吧！」

之前做麵包時，身上的衣服經常沾上大量的麵粉，突然覺得我該戴上廚師帽、穿上廚師服，前幾年託獅子去美國時幫我帶回。我在美國網上買了廚師帽、廚師服和廚師長圍裙，待獅子帶回時，穿了幾次，除了平時自娛外，如有親朋好友來時，順便娛人一下。羊正式戴上廚師帽，整個感覺完全不同，好像真的有魔力一般。就像小時候，經常兩眼注視地上的養樂多空瓶，希望我真的有超能力，能讓養樂多瓶移動一下。後來跟獅子提起，獅子說：「呵呵，我也做過同樣的事。」

用上十三年烘焙工夫的長棍

此次試做液種的法國長棍麵包，前一晚將麵粉、水及新鮮酵母攪拌均勻，蓋上保鮮膜，放在 21℃ 處，發酵 12 到 16 小時。隔天一看，液種發得很漂亮。這是好的開始，繼續打著麵糰，麵糰完成溫度 25.2℃，離期待溫度差

206

塞納河畔

一點。第一次發酵兩小時，第一小時後摺疊麵糰一次，一切狀況都在掌握中。接著分成小糰，讓麵糰鬆弛 30 分鐘。重頭戲來了，羊全神貫注，想像自己讀過的重點，慢慢搓，啊！我終於搓成 50 公分了。羊興奮地在天井欄杆旁跑著，對著在樓下的獅子大喊：「我終於搓出 50 公分了！」

進爐前的劃刀，又是另一項考驗。屏氣凝神劃刀，烤箱噴了蒸汽，送進石板。透過烤箱的小玻璃窗，看著劃刀處慢慢爆開拉絲成型，羊頭戴廚師帽頂在烤箱門邊的塑膠把手上，看著喃喃自語：「好可愛喔。」還好門邊有塑膠把手，否則太過於專注看爐內的麵包，羊頭可能早就燙熟了。

出爐那一刻，用出爐鏟鏟出長棍，我真的好感動，原來我也有機會做出法國長棍麵包，液種法國長棍麵包真的好香啊！檢查長棍麵包後，我重新反省此次的失誤，列出幾個重點，過幾天繼續試。想起了「鐵杵磨成繡花針」及王羲之練書法寫完整缸的水，羊這點努力算什麼呢？下次除了戴廚師帽之外，我得將所有的行頭全穿上。

上次製作時，雙肩過於緊繃，導致搓長棍時放不開，搓出大小不一的長棍，而且雙手過於用力，長棍麵包上端有撕裂的跡象。仔細想起寶春師傅說的：「像打太極拳一般。」羊二姊也說：「應該像練氣功吧！」1996 年，獅羊在台北同一家電子公司上班，老闆人很好，那是我工作十多年遇過最善良敦厚的老闆。黃老闆自從感受過氣功後，覺得健康是一輩子的事，決定幫所有員工付貴森森的氣功費用，獅羊就是在當時接觸到氣功。當時年輕，不覺得練氣功有何改善，直到這幾年，有點年紀，愈覺得練氣功有很大的幫助。

塑形時，我先試著讓自己的雙肩鬆轉一下，想像自己練氣功的準備，雙膝微曲，左右手掌心「勞宮」交叉重疊放在麵糰上，在「鬆」、「靜」之間，慢慢上下搓開麵糰。哇，太神奇了，真的進步了！長棍麵糰上方不再撕裂，大小不一的狀況也改善了。劃刀時參考多本書籍的劃法，想像模擬比劃多次，亦順利許多。突然想到國中時讀過的課文，好像是程頤或是程顥的文章，內容大略是「愈害怕的事情，愈要去研究它」。經過多次的練習後，

做法國長棍麵包並不可怕，只要多花時間研究練習，總有一天，一定能做出好看又好吃的法國長棍麵包。

試做多次液種長棍麵包後，我想試做法國 T65 未漂白麵粉，但一直提不起勇氣練習法國 T65 麵粉，總覺得 T65 很難操作，完全沒把握是否會成功。曾有一回特別買了市售法國 T65 長棍麵包，我太驚訝麵包烤得像黑炭一般的 T65 長棍麵包，吞下後只剩黑炭味。吃過如此不堪的 T65 長棍麵包後，我決定自己做。「羊自己做 T65 長棍」喊得很大聲，壓力還是在的，但如果我不試的話，又如何知道自己是否會成功呢？我買了一大包 25 公斤的法國 T65 麵粉，來宣示自己的決心！

攪拌麵糰就是一項考驗，T65 麵粉灰分高、吸水量難控制。我戰戰兢兢打麵糰，擔心一不小心就前功盡棄，在加水加麵粉之間，我終於找到平衡點。搓長棍時，運用太極拳和氣功的力道搓揉，不要用力、不疾不徐，搓出心中的好長棍。第一次搓出長棍狀，但還不夠長，繼續再搓第二次時，哇！形狀出來了，更像樣了！羊在第二次

搓長棍時，開心快樂到直對長棍微笑說話。做麵包時的專注投入，可以忘卻所有煩惱，雖然製作過程，拖著碩大的麵糰讓我感到吃力，但看著麵包烘烤出爐的那一瞬間，開心啊！

此次為了做出法國 T65 老麵種長棍麵包，決定把自己所學全用上了！

1999 年在巴黎倒數計時迎按千禧年。

法國 T65 老麵種長棍麵包
La baguette

材料

法國 T65 麵粉	1000 克
水	650 毫升
老麵種	200 克
（做法請參考 P.104）	
新鮮酵母	5 克
有機海鹽	20 克
總重	1875 克

做法

1　攪拌缸內加入水、T65 麵粉混合均勻，以第一速打 4 分鐘，麵糰表面蓋上塑膠布，避免乾掉。靜置，麵糰自體溶解（法文 autolyse）1 小時。

2　取出塑膠布，原麵糰再加入老麵種、新鮮酵母和海鹽，以第一速打 3 分鐘，第二速續打 7 分鐘。

3　第一次發酵共 1.5 小時。

4　分糰，每糰重 300 克，鬆弛 30 分鐘。

5　以手掌輕輕拍打麵糰空氣，將麵糰目測分成三等份，從上方三分之一處往下摺，再將麵糰翻轉 180 度，再將剩下三分之一往內摺，封口以手掌封好。

6　搓長為 55 公分的長棍，放在發酵帆布上。第二次發酵 1 小時 30 分鐘。

7　預熱烤箱 250℃（約半小時）。

8　烤盤上放置烘焙紙，將麵糰放在烘焙紙上，麵糰撒粉，劃四刀。

9　入爐前後各先噴蒸汽 5 秒。

10　烤箱 250℃烤 20 分鐘。

Chapter

8

**羊私心熱愛的
美味食譜分享**

法式鮮奶油蛋糕
Gâteau à la crème fraîche

看到蛋糕二字，直覺反應就是鬆軟蛋糕，千萬別誤會，此處的蛋糕基座由法國布里歐許麵糰所組成，看到照片超級美味，但製作過程不太好控制，羊秉持著貪吃的特性，終於做出來了！

材料

A. 布里歐許麵糰

未漂白高筋麵粉	500 克
有機海鹽	6 小撮
二砂糖	60 克
新鮮酵母	24 克
雞蛋	8 個
頂級無鹽發酵奶油	300 克
（室溫軟化、切小塊）	

B. 法式鮮奶油內餡

蛋黃	8 個
二砂糖	90 克
有機萊姆皮	1 個
（擦碎）	
有機萊姆汁	1/2 個
法式鮮奶油	300 克

C. 表面裝飾

蛋黃	4 個
（打勻）	
二砂糖	適量

做法

1. **製作布里歐許麵糰：**攪拌盆內加入高筋麵粉、二砂糖、雞蛋，再將海鹽、新鮮酵母各放置於盆內兩邊，以第一速打 4 分鐘，再以第二速打 5 分鐘。最後加入無鹽奶油，以第二速打 3 分鐘。

2. 第一次發酵 1 小時，再蓋上保鮮膜放入冰箱冷藏隔夜。

3. 隔天從冷藏取出，去除保鮮膜，麵糰表面撒少許麵粉，分成兩個麵糰，壓成扁圓形，直徑約 26 公分，放在烘焙紙上，置於室溫第二次發酵 30 分鐘。

4. 預熱烤箱 200℃（約半小時）。

5. **製作法式鮮奶油內餡：**將蛋黃、二砂糖、有機萊姆皮和萊姆汁和法式鮮奶油混合均勻。

6. 麵糰周圍留約 1 公分，麵糰內部以手指戳洞（不要戳破麵糰）。

7. 周圍一圈 1 公分處表面刷上蛋黃，麵糰中間倒入內餡，烤箱 200℃入爐烘烤 10 分鐘，再取出麵餅。

8. 平均撒上二砂糖，再入爐烘烤 15 分鐘，趁熱吃！就像蛋糕般鬆軟好吃啊！

羊的烘焙手記

· 因法式鮮奶油不太好買，我使用自製優格 100 克和動物 UHT 鮮奶油 200 毫升混合均勻，取代法式鮮奶油。

法國有鹽焦糖塔
Salted Caramel Tart

自己動手做，從找好的食材開始！

法國有鹽焦糖塔不用焦糖色素，只需要真正的二砂糖熬煮成焦糖加上鮮奶油和有鹽奶油。初嘗一口，皮脆奶油香搭配著焦糖的香氣和鮮奶油的濃郁滋味，就像是牛奶糖，屬於無添加任何人工香料的牛奶糖，配著一杯熱紅茶，剛好，快樂的下午茶！

材料

A. 派皮

低筋麵粉（過篩）	560 克
二砂糖	60 克
有機海鹽	1 小匙
頂級無鹽發酵奶油	300 克
（室溫軟化、切小塊）	
無防潮糖粉（過篩）	125 克
雞蛋	2 個

B. 有鹽焦糖醬

二砂糖	300 克
動物 UHT 鮮奶油	300 毫升
頂級有鹽發酵奶油	150 克

做法

1. **製作派皮：**盆內加入二砂糖、海鹽、無鹽奶油、糖粉。再加入雞蛋，混合均勻，最後倒入過篩低筋麵粉混合均勻，用保鮮膜包好，放入冰箱冷藏一夜。
2. 預熱烤箱 160℃（約半小時）。
3. 取出 250 克的派皮，派皮上下各鋪保鮮膜，以擀麵棍擀開，去掉上層保鮮膜（底部保鮮膜還在），派皮迅速地倒扣在正方模或長方模上。
4. 去掉原本在底部的保鮮膜，稍微整理派皮，入爐烘烤，烤箱 160℃烤 25 分鐘。
5. **製作有鹽焦糖醬：**鍋內加入鮮奶油和有鹽奶油，以中小火煮。
6. 取另一鍋加入二砂糖加熱，待其轉熱成焦糖色，慢慢倒入已加熱的鮮奶油和有鹽奶油。以中小火煮，繼續攪拌約 5 分鐘。
7. 趁熱將有鹽焦糖醬倒入已烤好的派皮內，待涼，即可食用。

法國白葡萄酒派

La tarte au vin

之前做過白葡萄酒蛋糕，後來又嘗試做白葡萄酒派。烤好後品嘗，先吃到淡淡的肉桂香，再嘗到白葡萄酒的香氣，交織著橘子果醬的酸甜滋味，最後入口的是甜酥麵皮的酥脆。法國阿嬤的食譜再次展現驚人的爆發力！真好吃。

材料

A. 派皮

低筋麵粉（過篩）	250 克
頂級無鹽發酵奶油	125 克
（室溫軟化）	
水	5 毫升
有機海鹽	1 大撮
二砂糖	25 克
橘子果醬	適量

B. 內餡

白葡萄酒	8 大匙
（不甜）	
雞蛋	3 個
二砂糖	100 克
肉桂粉	適量

做法

1. **製作派皮**：先以低筋麵粉、二砂糖、海鹽、無鹽奶油和水，混合均勻，做成派皮，包上保鮮膜，放入冰箱冷藏 30 分鐘。

2. 預熱烤箱 180℃（約半小時）。

3. 從冷藏取出派皮，派皮上下各鋪保鮮膜，以擀麵棍擀開，去掉上層保鮮膜（底部保鮮膜還在），派皮迅速地倒扣在直徑約 24 公分的活動菊花派盤（硬模）上。

4. 去掉原本在底部的保鮮膜，稍微整理派皮，派皮表面以叉子平均戳洞，入爐烘烤，烤 15 分鐘。

5. 派皮底層以湯匙塗上一層很薄的橘子果醬，避免內餡露出。

6. **製作內餡**：將白葡萄酒、雞蛋和二砂糖混合均勻。

7. 將內餡倒入派皮內，最後撒上肉桂粉，烤箱預熱至 180℃，入爐烘烤 32 分鐘。

219

法國布列塔尼可麗餅
Les crêpes bretonnes

好吃的可麗餅建立在好的材料上，盡量使用無藥物殘留雞蛋、未漂白麵粉、全脂牛奶、法國 ISIGNY A.O.P. 頂級有鹽發酵奶油。此食譜由師大法語中心 M. Gwénaël Derian（戴魁納）老師提供。

材料

材料	份量
低筋麵粉（過篩）	250 克
二砂糖	100 克
有機海鹽	3 小撮
頂級有鹽發酵奶油	100 克
雞蛋	4 個
全脂鮮奶	500 毫升
頂級無鹽發酵奶油（塗抹平底鍋使用）	少許

做法

1. 盆內加入二砂糖、麵粉、鹽，混合均勻，中間挖一洞，打入 4 個蛋，以打蛋器從中間慢慢向外擴散攪拌均勻，避免麵粉顆粒產生。
2. 加入 500 毫升的牛奶，繼續攪拌。
3. 另取一鍋以小火直接加熱有鹽奶油，融化後待涼，倒入步驟 2，再攪拌均勻。
4. 蓋上保鮮膜，放入冰箱冷藏一夜。
5. 隔天，取一胡蘿蔔切一段，以叉子插住，另外取少許無鹽奶油進鍋中，作為塗抹平底鍋使用。
6. 去掉保鮮膜，取一勺可麗餅麵糊倒入鍋中，轉動平底鍋，讓其成薄餅狀，以中火煎至一面金黃後翻面，兩面煎至金黃後即可離鍋。熱吃好，冷吃更脆！

﹁羊的烘焙手記﹂

- 可麗餅可搭配鮮奶油法國熟栗子醬和蜂蜜一起食用。栗子醬做法：鮮奶油和熟栗子以 1:1 比例，加入適量糖和君度橙酒以中小火加熱至滾。以調理棒（機）打至泥狀，待涼裝罐放入冰箱冷藏，盡量在一周內食用完畢。
- 手邊沒有胡蘿蔔，也可以用廚房紙巾取奶油潤鍋。

法國巧克力夾心餅
Le succés au chocolat

法國阿嬤的食譜真讓人振奮，你完全想像不到能做出哪一種點心。既然是夾心餅，餅乾體當然要自己做，好吃的法國巧克力夾心餅完成了，搭配日月老茶廠的有機紅茶台茶十八號，簡直太完美了！

材料

A. 夾心餅

蛋白	6 個
有機海鹽	1 小撮
二砂糖	180 克
杏仁粉	180 克

（美國杏仁果去皮後打成）

B. 內餡

72％苦甜巧克力	150 克
動物 UHT 鮮奶油	125 毫升

做法

1. **製作餅乾**：預熱烤箱 200℃（半小時）。
2. 將蛋白、海鹽和二砂糖打成鳥嘴蛋白霜也就是硬性發泡，再混入杏仁粉，稍微攪拌倒入烤盤抹平，烤箱 200℃烘烤約 30 至 32 分鐘，烤成金黃色的餅乾。
3. **製作內餡**：將 72％苦甜巧克力和鮮奶油，隔水溶解。
4. 金黃色的夾心餅切成對半，一片抹上內餡醬，另一片蓋上，再放入冰箱冷藏 4 小時，取出，即可食用。

羊的烘焙手記

· 什麼是硬性發泡？將室溫的雞蛋，分成蛋黃和蛋白，取其蛋白放入無油脂的乾淨攪拌盆內，注意蛋白內不要混進任何蛋黃，否則不易成功。將海鹽放入蛋白內，以電動手拿攪拌機開中速打蛋白，再分三次加入砂糖繼續打，直到舉起攪拌棒蛋白呈堅硬不動鳥嘴狀，大約需要幾分鐘的時間，視各家攪拌機的瓦數而定。

法國檸檬塔
La tarte au citron

每次北上時，我只買某家麵包，其實那家的麵包做得很好，至少聞得到真正小麥香。同時看到玻璃櫃上放著的檸檬塔，我總是想買一個嘗嘗，但是每次吃到檸檬塔內餡，軟黏之際還有股香料味，讓我很害怕，最後直接將檸檬塔丟進廚餘桶。因羊年紀漸長，有些事記不得了。每次見到檸檬塔就想買，吃了一口又想起恐怖記憶，實在無法繼續吃完，又丟進廚餘桶。直到第三次見到檸檬塔，我總算記住了，絕對不能再買檸檬塔！那該去哪兒買呢？難道又是自己做嗎？

前一陣子，買了好多有機萊姆，正想著該如何運用呢？來做檸檬塔吧！烘烤好，口感如何？一點兒都不恐怖，而且超級無敵好吃，我最喜歡的還是法國檸檬塔。

材料

A. 塔皮

頂級無鹽發酵奶油	120 克
低筋麵粉（過篩）	250 克
水	2 大匙
蛋黃	2 個
蛋黃	1 個
（塗派皮用）	
無防潮糖粉（過篩）	75 克
（多一些撒粉用）	

B. 檸檬內餡

雞蛋	5 個
二砂糖	150 克
有機萊姆汁	85 毫升
有機萊姆（皮擦碎）	2 大匙
動物 UHT 鮮奶油	150 毫升

做法

1　**製作塔皮**：盆內加入無鹽奶油、糖粉，再加入蛋黃、低筋麵粉和水，混合均勻，包上保鮮膜，放入冰箱冷藏 30 分鐘。

2　預熱烤箱 160℃（約半小時）。

3　取出派皮，派皮上下各鋪保鮮膜，以擀麵棍擀開，去掉上層保鮮膜（底部保鮮膜還在），派皮迅速地倒扣在直徑約 24 公分的活動菊花派盤（硬模）上。

4　去掉原本在底部的保鮮膜，稍微整理派皮，表面以叉子平均戳洞，蓋上保鮮膜，放入冰箱冷藏 30 分鐘。

5　從冷藏取出麵糰，去掉保鮮膜，入爐烘烤，烤箱 160℃烤約 30 分鐘。取出派皮塗上蛋黃，再烤 2 分鐘。

6　**製作檸檬內餡**：盆內加入雞蛋、二砂糖、有機萊姆皮、萊姆汁和鮮奶油，混合均勻，蓋上保鮮膜，放入冰箱冷藏。

7　烤箱降溫為 140℃。

8　將檸檬內餡倒入烤模派皮內，以 140℃再烤 25 至 30 分鐘，取出待涼約 2 小時，表面再平均撒上糖粉。

法國梅峰蘋果塔

Tarte aux pommes

秋天打電話問了台大梅峰農場，德蘋蘋果產季已經結束，我只能珍惜最後的這幾顆蘋果了。為了能完美呈現法國蘋果塔的美味，任何材料都不能用替代品，尤其是酒精含量 40％的法國進口蘋果白蘭地，終於讓我買到了！

法國蘋果白蘭地到貨的隔天，正是我首次做法國蘋果塔的日子。超薄的酥皮，也是我首次嘗試。當天烘烤時已近睡覺時刻，羊本來已刷好牙，只在廚房觀察蘋果塔的最新狀況，想試吃一口，哇！真好吃，心想反正都吃了，牙也白刷了，再吃一大片吧！德蘋蘋果塔從此蠱惑著羊，讓我不斷地想開冰箱，把它們通通吃掉。不到兩天，梅峰德蘋蘋果塔已經消失了。

材料

A. 酥皮

低筋麵粉（過篩）	500 克
有機海鹽	2 小撮
頂級無鹽發酵奶油	240 克
雞蛋	2 個

B. 內餡醬

無農藥蘋果	6 個
（去皮、去籽、每個切成約 10 小片）	
有機檸檬汁	1 大匙
頂級無鹽發酵奶油	2 大匙
（已溶化）	
二砂糖	2 大匙
法國蘋果白蘭地	1 大匙
無防潮糖粉（過篩）	適量

做法

1. **製作酥皮**：盆內加入無鹽奶油、雞蛋、低筋麵粉和鹽，混合均勻，分成兩個，包上保鮮膜，放入冰箱冷藏 30 分鐘。

2. 預熱烤箱 220℃（約半小時）。

3. 取出酥皮，酥皮上下各鋪保鮮膜，以擀麵棍擀開，去掉上層保鮮膜（底部保鮮膜還在），酥皮迅速地倒扣在直徑約 24 公分的活動菊花派盤（硬模）上。

4. 去掉原本在底部的保鮮膜，稍微整理酥皮，蓋上保鮮膜，放入冰箱冷藏 20 分鐘。

5. **製作內餡醬**：將無鹽奶油、檸檬汁、法國蘋果白蘭地和二砂糖混合均勻。

6. 預熱烤箱 220℃（約半小時）。

7. 從冷藏取出酥皮，去除保鮮膜，將蘋果片擺放在酥皮內，刷上內餡醬，撒上糖粉。

8. 入爐烘烤 10 分鐘。再降溫為 200℃續烤 20 至 25 分鐘，直到酥皮顏色為淡金黃，蘋果呈焦糖化。待涼後 2 小時即可食用。

法國布列塔尼蜜棗法荷蛋糕
Le far breton

法國布列塔尼傳統點心蜜棗法荷蛋糕材料和可麗餅一樣，但多了去籽蜜棗。烤好後的蜜棗法荷蛋糕，入口即化，滿嘴牛奶香。此食譜由師大法語中心 M. Gwénaël Derian（戴魁納）老師提供。

材料

低筋麵粉	130 克
（過篩）	
二砂糖	100 克
有機海鹽	3 小撮
頂級有鹽發酵奶油	80 克
雞蛋	3 個
全脂鮮奶	500 毫升
頂級無鹽發酵奶油	適量
（室溫軟化，塗抹玻璃容器用）	
去籽蜜棗切小塊	100 克

做法

1. 盆內加入二砂糖、麵粉、鹽，混合均勻，中間挖一洞，打入 3 個蛋，以打蛋器從中間慢慢向外擴散攪拌均勻，避免麵粉顆粒產生。
2. 加入 500 毫升的牛奶，繼續攪拌。
3. 另取一鍋隔水溶解有鹽奶油，融化後待涼，倒入步驟 2，再攪拌均勻。
4. 蓋上保鮮膜，放入冰箱冷藏一夜。
5. 隔天，先預熱烤箱 250℃（約半小時）。
6. 將玻璃容器內大方地塗上無鹽奶油，去掉保鮮膜倒入稍微攪拌過的冷藏麵糊。
7. 先以烤箱 250℃烘烤 5 分鐘後，從烤箱內取出容器，在麵糊內平均放入去籽蜜棗，降溫為 210℃續烤 30 分鐘。
8. 將烤箱開關關掉，再燜 10 分鐘。取出待涼，即可食用。

兩根筷子超簡單麵包做法

義大利薰衣草蜂蜜核桃拖鞋麵包
Lavender, Walnut and Honey Slipper Bread

「懶人做麵包法」終於要公布了！不需要法國藍帶麵包的複雜做法，只要簡單的攪拌動作，任何人都可以輕輕鬆鬆做麵包！

義大利薰衣草蜂蜜核桃拖鞋麵包是我最近經常做的，每做一次都有新的體驗。薰衣草、蜂蜜的味道搭配得天衣無縫，烤好拖鞋麵包時，先輕聞一下，再咬下一口，核桃的味道更是天外飛來一筆的好滋味。

動手做麵包前，記得檢查所有的材料，可以先試吃乾薰衣草、蜂蜜和核桃，如果味道不對，千萬別勉強拿來做成麵包，否則可能功虧一簣。每一種材料，都必須是最新鮮的，蜂蜜的好壞更是影響麵包好吃與否的重要關鍵。材料愈新鮮、頂級，做出來的麵包更具天然美味！

材料

水	1.5 杯
新鮮酵母	25 克
蜂蜜	2 大匙
切碎乾的薰衣草	2 小匙
未漂白高筋麵粉	3.5 杯至 4 杯
（如果需要可以再加入其他麵粉）	
有機海鹽	1.25 小匙
切碎或掰碎的核桃	200 克

羊的烘焙手記

· 一時吃不完的麵包用塑膠袋包好，放入冰箱冷凍，想吃的前六小時，再從冰箱取出，放置室溫解凍，若覺得吃起來太乾，可置於電鍋內，外鍋加一點點水，跳起即可食用，趁熱吃為佳。

· 酵母發酵最活躍的溫度為 25℃ 至 35℃。冬天室溫低於 25℃ 時，如何自製發酵箱？取一個裝漁獲的大保麗龍箱（有蓋子），先燒一小鍋熱水（大約 70 至 80℃），放入保麗龍箱內，再將準備發酵的攪拌盆放入保麗龍箱的另一邊，彼此不要碰撞，蓋上保麗龍蓋子，靜置發酵。得留意放入保麗龍的發酵盆上方不要蓋上保鮮膜，以及因為熱水的水蒸汽，會使麵糰比較潮濕。

· 核桃最後下，是為了先讓麵粉完全融入麵糰，如果核桃太早下，核桃縫隙易藏麵粉。

做法

1　新鮮酵母倒入盆中，加入 1.5 杯的水，以筷子攪拌均勻，約需 30 秒。

2　在盆中依序加入乾薰衣草、蜂蜜、高筋麵粉及鹽，先用筷子攪拌均勻，直到麵粉完全融入麵糰內。

3　攪拌均勻後，最後再加入切碎的核桃，以筷子繼續攪拌，直到核桃從麵糰外側進入麵糰，再從麵糰內側平均散布出來。此時整個麵糰非常黏。

4　**第一次發酵**：盆上蓋上保鮮膜，放在室溫中，發酵約 1 小時，直到原來麵糰的一倍大。

5　先在烤盤紙上平均撒上麵粉，將麵糰從盆中倒出（此時的麵糰呈現黏稠絲狀物），放在烤盤紙上。

6　麵糰表面輕輕撒上一些麵粉，輕拉麵糰呈 25 公分的正方形。麵糰對摺兩次後，先切對半。

7　將每個麵糰用雙手拉長約 30x10 公分，分別放在兩張已撒上麵粉的烤盤紙上。麵糰表面撒上一點麵粉。

8　**第二次發酵**：蓋上薄布巾，在室溫中發酵到原來的一倍大，約 45 分鐘。

9　先預熱烤箱 200℃（約半小時），烤約 20 分鐘。直到表面呈現金黃色，敲起來中空的聲音，以一根筷子插入麵包內再拉出，沒有黏稠麵糰，表示烤熟了。放在架上待涼，想吃的時候再切片。

英國黑香蕉蛋糕
Black banana cake

為了了解早期香蕉的烹飪法，我往回找古食譜，從元朝賈銘的《飲食須知》、清朝袁枚的《隨園食單》到清朝顧仲的《養小錄》。我在《養小錄》中讀到關於芭蕉的說法，很有趣。

原文：
「根黏者為糯蕉，可食。取根切作大片，灰汁煮熟，清水漂數次，去灰味盡，壓乾。以熟油、鹽、醬、茴、椒、薑末研拌，一二日取出，少焙，敲軟，食之全似肥肉。」，

譯文：
「根黏的芭蕉是糯蕉，可以食用。把糯蕉的根切成大片，用灰汁煮熟，再用清水漂洗幾次。等灰味去盡，壓乾水分，把熟油、鹽、醬和研成末的茴香、花椒、薑末一起拌好，一兩天後取出，在火上稍微烘烤一下，再把它敲軟。吃到嘴裡完全像肥肉一樣。」

灰汁是什麼呢？就是用灰爐混合的水，古代因為沒化學調製的鹼水，以灰爐水替代。而這個蛋糕所用的香蕉，必須等到香蕉熟到表皮變黑，散發出香味，變成最好吃的黑香蕉，才用來做蛋糕，好吃到說不出話的英國黑香蕉蛋糕完成了。

材料

頂級無鹽發酵奶油	175 克
（室溫軟化、切小塊）	
二砂糖	90 克
手工黑糖	90 克
雞蛋	2 個
美國杏仁果	75 克
（去皮打成粉）	
低筋麵粉	175 克
（過篩）	
無鋁泡打粉（過篩）	10 克
有機香蕉	約 250 克
（去皮、搗爛）	
有機香草精	1 小滴
72%頂級苦甜黑巧克力珠	175 克
二砂糖	適量
（撒表面用）	

做法

1　預熱烤箱 170℃（約半小時）。

2　取兩個長方模 17.5x8.5x7 公分，裡面先鋪好烘焙紙。

3　先將奶油、二砂糖和黑糖混合均勻，再加入雞蛋、杏仁粉、低筋麵粉和泡打粉。

4　拌勻後，加入熟透的香蕉、香草精、苦甜黑巧克力珠，全部混合均勻，分別倒入兩個烤模內。

5　表面再平均撒上二砂糖。入爐烘烤，烤箱170℃烤約 1 小時 10 分鐘。

1　取自《養小錄》（三泰出版社）。附錄提到「芭蕉高大，直立草本植物。根莖呈塊狀，葉長而寬大，花後結香蕉一樣的果實，但不能食用」。

英國燉洋梨藍莓杏仁酥餅
Pear, blueberry and almond pastry

這是前陣子跑步時看英國 BBC 節目背起來的食譜，主持人沒說食譜比例多少，我只能大概抓，一切憑感覺，雖然有點冒險，不過憑感覺做烘焙也很好，我應該多訓練。沒想到居然這麼好吃！獅子吃了滿意地說：「好像很高級餐廳供應的甜點啊！超級好吃。」

材料

A. 派皮

低筋麵粉	300 克
（過篩，攪拌時視狀況增減麵粉）	
雞蛋	2 個
二砂糖	60 克
頂級無鹽發酵奶油	100 克
（室溫軟化、切小塊）	
有機海鹽	I 小撮
現磨美國杏仁粉	50 克
無鋁泡打粉（過篩）	10 克

B. 內餡

西洋梨	6 個
（去皮去籽切小塊）	
二砂糖	50 克
頂級無鹽發酵奶油	50 克
小豆蔻粉	I 小撮
肉豆蔻粉	I 小撮
野生藍莓乾	50 克

C. 裝飾

二砂糖	適量
杏仁片	適量

做法

1 **製作派皮：**先將麵粉、雞蛋、二砂糖、無鹽奶油、有機海鹽、杏仁粉和無鋁泡打粉，搓成麵糰，分成兩個，分別包上保鮮膜，放入冰箱冷藏半小時。

2 **製作內餡：**已切小塊的西洋梨加上二砂糖、無鹽奶油、小豆蔻粉和肉豆蔻粉，以中小火一起燉煮，最後加入美國野生藍莓乾或新鮮藍莓，煮到西洋梨和藍莓出水後又收乾為止。

3 預熱烤箱 200℃（約半小時）。

4 從冷藏取出兩個派皮，先取一個派皮，上下包裹保鮮膜，以**擀麵棍擀**開，去除上層保鮮膜（底部保鮮膜還在），迅速地將派皮倒扣在直徑約 24 公分的活動菊花派盤（硬模）上。

5 派皮上包入內餡。再將另一個派皮，以同樣方式**擀麵棍擀**開，去掉保鮮膜，蓋在內餡上方，上下包好。

6 表面撒上二砂糖和杏仁片，入爐烘烤，以 200℃ 烤約 30 分鐘。

{ 羊的烘焙手記 }

· 可以使用新鮮藍莓嗎？可以，不過如果是新鮮藍莓或冷凍藍莓可能會出水，烘焙時需留意。

台灣有機萊姆冰淇淋
Lemon Ice Cream

中醫師說：「不能吃冰的。」我希望自己盡量能做到，直到某日，羊吃到某家冰淇淋，突然覺得難道我做不出好吃的冰淇淋嗎？偷偷翻著冰淇淋的書，想像自己做出的冰淇淋。

我跟獅子說：「你覺得冰淇淋機好嗎？」獅子答：「那是我跟我妹從小的夢想。」喔，我馬上下訂一台冰淇淋機。前一陣子，買了好多千秋有機農場的有機萊姆，就從有機萊姆冰淇淋開始吧！雖然羊盡量不吃冰，但有機萊姆冰淇淋真好吃啊！獅子吃了說：「這是我吃過最好吃的冰淇淋了，真過癮啊！」

第二年夏天，獅子直說：「快做萊姆冰淇淋吧！」
羊：「為什麼？」
獅：「因為去年夏天你做的有機萊姆冰淇淋很好吃。」
羊自我感覺良好又問：「可以具體說出好吃的程度嗎？」
獅：「比我在羅馬吃到的萊姆冰淇淋好吃十倍以上。」
羊自我感覺更良好地說：「好。我了解了。」
颱風剛過，低氣壓讓人很不舒服，趕緊來做有機萊姆冰淇淋吧！

﹛羊的烘焙手記﹜

· 冰淇淋可搭配有機鳳梨醬食用，更加美味。除了選購市面上的安心品牌外，在家中也可選購有機鳳梨，將鳳梨去皮切丁，加入砂糖、麥芽糖、有機檸檬皮、有機檸檬汁，熬煮成稠狀，待涼裝罐冷藏，就是好吃的鳳梨醬了。

材料

雞蛋	1 個
蛋黃	1 個
二砂糖	100 克
有機萊姆汁	120 毫升
（4 個）	
有機萊姆（皮擦碎）	4 個
頂級無鹽發酵奶油	35 克
（室溫軟化、切小塊）	
動物 UHT 鮮奶油	200 毫升
全脂鮮奶	50 毫升

做法

1　先將冰淇淋機的保冷冰桶頂端包上保鮮膜，放入冰箱冷凍 2 天。

2　將二砂糖、雞蛋和蛋黃攪拌均勻，放入厚鍋中以小火煮到濃稠，期間以木匙攪拌鍋底（小心別燒焦）。

3　再加上萊姆汁煮到呈乳霜狀，熄火離鍋。

4　鍋底部墊上冰塊，鍋內繼續加入無鹽奶油、擦碎萊姆皮、鮮奶、鮮奶油，繼續攪拌冷卻。

5　從冰箱冷凍取出保冷冰桶，去除保鮮膜，再將混合物倒入冰淇淋機內，攪拌約 20 分鐘即可成型，取出冰淇淋，放入保鮮盒蓋好，冷凍隔夜，即可食用。

天時地利人和做好麵包──

法國 T65 諾曼第液種鄉村長棍麵包
（Normandy Country baguettes）

有些麵包需要天時地利人和才能完成，羊等待法國諾曼第液種鄉村長棍麵包已經五年了。多年前我讀著書中食譜，細讀材料和做法，發現其與一般的長棍不同。

平日所見的長棍麵包只有麵粉、水、新鮮酵母和鹽，甚少添加其他材料，但作者在書中提到，在法國諾曼第旅行時，吃到當地的鄉村長棍麵包，法文又名「綜合穀物麵包」。材料為：液種（Poolish）、莧籽（amaranth）、水、蕎麥麵粉、高筋麵粉、白芝麻、亞麻仁籽和鹽。看著書上兩大張法國諾曼第鄉村長棍麵包的照片，樸實的舊帆布上，放滿著大小不一的細長棍，我手摸著書中的鄉村長棍麵包照片，好想做出來啊！

amaranth 是什麼呢？我查了字典，書上說是一種紫紅花的籽。為了尋找莧籽，我花了好大工夫，幸好網購能買到。另外我得買蕎麥麵粉，但是我又有新的擔心：擔心自己塑長棍的能力太差！萬一塑得太醜，不就全毀了嗎？我遲遲不敢下手。

這五年來，我一直沒忘法國諾曼第鄉村長棍麵包，總想著哪天真能完成

呢？直到最近試做長棍麵包，突然開竅了！比較能掌握塑成長棍的訣竅。採買好有機莧籽、有機蕎麥麵粉、白芝麻和有機亞麻仁籽後，為了呈現法國的原汁原味，高筋麵粉改採法國 T65 未漂白麵粉。

前一晚先做好法國 T65 液種。我從沒使用過有機莧籽，書中提醒先浸泡在溫水中 10 分鐘，瀝乾後再放在一旁待用。我猜這個動作應該是將莧籽稍微泡軟而不至於太乾。加入所有材料，最後再加入有機莧籽、白芝麻、有機亞麻仁籽和鹽。因主麵糰沒再加入新鮮酵母，唯有依賴液種的發酵力，速度變慢，書中說第一次發酵最少 12 小時或隔夜，我試著在室溫 27℃發酵約 6 小時。

法國 T65 諾曼第液種鄉村長棍麵包嘗起來像極了雜糧麵包，莧籽、白芝麻和亞麻仁籽在麵包中的味道特別香，一點兒都不衝突，再細細品嘗，法國 T65 液種帶出蕎麥麵粉和法國 T65 麵粉的香氣，味道細長而回甘，很高興我終於做出來了！

法國 T65 諾曼第液種鄉村長棍麵包
Normandy Country baguettes

法國 T65 液種材料

法國 T65 麵粉	2 杯
（法國未漂白麵粉）	
水	2 杯
新鮮酵母	5 克

做法

全部混合均勻，蓋上保鮮膜，放在
25℃處發酵 12 小時。

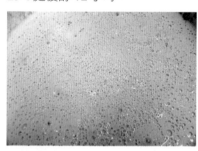

最後麵糰材料

水	5 杯 + 一點點水
法國 T65 液種	全部
有機蕎麥麵粉	1 杯
法國 T65 麵粉	12 杯
白芝麻	4 大匙
有機亞麻仁籽	4 大匙
有機莧籽	4 大匙
有機海鹽	2 大匙

做法

1. 攪拌盆內加入水、液種、蕎麥麵粉、
   T65 麵粉混合，第一速打 4 分鐘。
2. 加入白芝麻、亞麻仁籽、莧籽、海
   鹽，第二速打 2 分鐘。
3. 第一次發酵室溫 27℃發酵 6 小時。
4. 分成每個 350 克的麵糰，鬆弛 35
   分鐘。
5. 再塑成長棍狀，平均撒上麵粉。
6. 預熱烤箱 220℃（半小時）。
7. 最後發酵 1 小時。在表面劃刀。
8. 以 220℃放入烤箱，在石板上烤約
   22 分鐘（入爐前後各先噴蒸汽 5
   秒）。

打敗市售醬料的美味——

希臘小棍子麵包&大蒜杏仁醬
（Sesame Breadsticks）

希臘小棍子的味道很中東，一半的高筋麵粉和一半的有機全麥麵粉。烘烤完的口感很Q，非常特別，而且很耐吃。為了搭配希臘小棍子，我特別做了希臘的大蒜杏仁醬。

抹醬原本需要白酒醋，我記得賣場有白酒醋，臨時跑到賣場，天啊！我們這一區的只剩下泰國越南印尼和韓國食物了。最後只好以杜康行的有機糙米醋替代，味道還不錯。我每加一種

材料在果汁機內，先嘗嘗打完後的味道，如此才能體會漸層的味道。直到最後加入有機糙米醋，哇！味道終於對了，一點兒都不膩，再酌量加入鹽巴和胡椒調味一下更好。

獅子嘗完後說：「太好吃了，終於可以打敗市售長棍麵包上面塗的恐怖大蒜醬了！」

希臘小棍子麵包
Sesame Breadsticks

材料

未漂白高筋麵粉	1 又 3/4 杯＋2 大匙
有機全麥麵粉	1 又 3/4 杯＋2 大匙
新鮮酵母	30 克
有機海鹽	2 小匙
二砂糖	1/2 小匙
50℃的水	2 杯
原味橄欖油	4 大匙
準備多一點塗麵糰用	
蛋白	1 個
（打散）	
白芝麻	適量

做法

1 新鮮酵母、高筋麵粉、全麥麵粉、鹽及二砂糖依序放入盆中，麵粉中間挖洞，加入熱水及原味橄欖油（注意不要讓酵母和熱水直接接觸）。

2 揉成麵糰，表面再撒麵粉，再揉 10 分鐘，直到光滑。

3 盆內塗上橄欖油。麵糰塑成圓形，麵糰上下沾一下盆內的橄欖油。蓋上布巾，直到發酵一倍大。

4 麵糰表面撒粉，輕揉，分成兩個。

5 每糰再分成 16 個，共有 32 個（每個約 35 克）。

6 每個搓成 25 公分，表面撒麵粉，預熱烤箱 230℃（半小時）。

7 蓋上布巾醒發 10 分鐘，麵糰表面刷上蛋白，撒上白芝麻，以 230℃烤 10 分鐘。

8 麵糰表面再刷上蛋白，再以 230℃烤 5 分鐘，或直到表面呈現金黃色。待涼後食用。

大蒜杏仁醬

材料

舊的法國麵包	60 克
美國杏仁果	1 又 1/4 杯
大蒜	6 大瓣
（去皮切碎）	
原味橄欖油	2/3 杯
白酒醋或有機糙米醋	2 大匙
有機海鹽	適量
現磨三色胡椒	適量

做法

1　將舊法國麵包撕小塊，放在碗中，加入足夠的水蓋過麵包，浸泡10～15分鐘。之後擠壓麵包到瀝乾，放在一旁。

2　另一碗中放入杏仁果，將剛煮沸的開水倒入碗中蓋過杏仁果，浸泡約30秒。將熱水倒掉，快速抓住杏仁果的尾端，即可去皮。

3　將去皮的杏仁果和大蒜放入食物調理機（或果汁機）打碎，再加入舊麵包，繼續打碎，直到均勻（如果打不動，可以加一點點水）。

4　加入橄欖油，繼續攪動食物調理機，直到均勻。

5　再加入白酒醋，繼續攪動食物調理機，直到均勻。加入鹽和現磨三色胡椒調味。

6　倒出大蒜杏仁醬，蓋上保鮮膜。放在冷藏，可放 4 天。

更精彩的人生下半場

交稿之際，朋友問我：「看書自學歷程和食譜實質性的背後，還有什麼思想要傳達？為什麼要展示自學？」我說：「因為喜愛麵包，麵包讓我拓展各種興趣，無限的延伸。希望讀者們也能從中得到鼓勵，進而完成自己的夢想！」

回想過去的日子裡，羊的人生一直不順利，中學時期總是處於重考、留級、轉學、大學落榜間打轉。當年的我覺得人生無望，真的很想做個了結，但我沒有。大專繼續半工半讀，安分認命地完成每一天。直到二十六歲，公司外派我到非洲的模里西斯國成衣廠工作一年半，那也是我第一次出國。三十歲，完成了《地圖上的藍眼睛》的大旅行，三十一歲當上了外商電子廠廠長，三十二歲轉換跑道，在南投市創立兒童美語補習班，同時從完全不懂烘焙烹飪的新手到開始嘗試看書自學烘焙烹飪。

以前羊除了攝影之外，沒其他興趣。愛上麵包之後，羊的興趣有了更多元的延伸。看書自學世界各國麵包之際，也採訪彰化鹿港製做檜木蒸籠的老師傅。另外，為了自製麵包容器，我還拜師學竹編和拉陶，希望追尋祖先們留下的老技藝。我這輩子從來都沒想過做竹編和學拉陶，麵包不只讓我延伸出對竹編和拉陶的興趣，同時也能結合當地傳承已久、快失傳老師傅的技藝，希望這些老師傅能被看見。我很開心，真的做到了！

製作麵包需要好的食材，多年前，我曾多次厚著臉皮、主動打電話給有機小農，希望能採訪他們。採訪過後，讓我感受到小農的銷售困境和天候因素影響了他們的生計。未來我將持續尋找好的有機小農，以台灣食材製作歐洲麵包，讓大家都能吃到健康安心的好食材。

再者閱讀英文烘焙食譜書的確帶給我很多快樂，不同的烘焙書帶給我不同的感受，十三年來羊藉著看書自學烘焙和烹飪，每一本書都是我的老師。因為麵包，我又有新的興趣：學習法文，單純只是為了能看懂法文烘焙食譜書。如今最令我驚訝的是，我已能看懂法文烘焙食譜約三分之一，連法文電影卡通亦能聽懂三分之一了。英文、法文的確開啟我不同的閱讀世界，因為閱讀，讓我瞭解到太多我

不知道的世界，當我慢慢地用力推開語言的那扇窗，才知窗外世界之大啊！讓羊想化身成一塊海綿，大量吸收英文法文烘焙食譜的奧妙。製作麵包延伸成各種新的興趣，讓我更深深體會想做什麼都有無限可能啊！

年初某日兩位朋友來拿東西，正巧羊剛烤出法國巧克力蛋糕，因為她們急著離開，順手拿起塑膠袋裝了蛋糕請朋友們帶走，沒想到年過半百的她，馬上吃起了巧克力蛋糕，吃完後居然舔起了塑膠袋內的屑屑，她嚴肅地説：「你可不可以賣巧克力蛋糕給我？我真的很少在別人面前舔塑膠袋，而且為什麼另一位朋友分到的蛋糕比我的大？」哈哈！我覺得那是一種肯定，我很開心！這麼多年來，無論誰説要買麵包蛋糕等，我總是擔心壓力，提不起勇氣真的去做。此事讓我有了新的想法和計畫，既然我選擇好的食材製作麵包點心，何不讓其他人也能一起享用呢？懶惰羊除了每天晚上得上班外，仍希望每週固定爬溪頭、寫書法、做竹編、學拉陶、學法文和採訪小農的空檔，抽出兩天的時間，接受預訂，開啟我的小烘焙工作室！

最後感謝羊爸媽和羊大姐、二姐、國立臺灣工藝研究發展中心竹編李榮烈老師和拉陶曾樹枝老師傾囊相授、竹編班長鄭秀珍主任和敏隆窯張育漳夫婦的鼎力相助、師大法語中心法文楊慧娟老師（Mlle Angèle YANG）的法文教導和協助法文書名命名、杜蘊慈的英文指導和鼓勵、台中市明醫中醫診所林家禾中醫師的針灸治療、張庭瑜、張安瑜的幫忙、朋友們的鼓勵、大塊文化總編輯韓秀玫和資深圖文編輯鍾宜君的細心提醒。

麵包點心開啟羊生多元興趣的延伸，沒人知道接下來的發展。前幾天，為了尋找做義大利餃的工具，我搜尋了義大利的亞馬遜網路書店（Amazon），也好想知道更多義大利文烘焙食譜的內容，然而最痛苦的是：我看不懂義大利文！等我將法文學得更熟練些，義大利文等等我啊！呵呵，幸好羊當年沒自我了結，否則我絕對看不到羊生精彩的後半段。

A 參考書目

1　Blanc, Raymond. Kitchen Secrets, 2011.

2　Blanc, Raymond. 100 Recipes For Entertaining, 2012.

3　Traunfeld, Jerry. The Herb Farm Cookbook, 2000.

4　Kuruvita, Peter. Serendip My Sri Lankan Kitchen, 2009.

5　Poilâne, Lionel. Lionel Poilâne's Favourite Sweet Tartines, 2001.

6　Poilâne, Lionel Lionel Poilâne's Favourite Savoury Tartines, 2001.

7　Poilâne, Lionel and Apollonia. Le Pain par Poilâne, 2005.

8　Richemont Craft school. Bread Pane, 2006.

9　White, Anne. Mediterranean, 2000.

10　Hamelman, Jeffrey. Bread A Baker's Book of Techniques and Recipes, 2004.

11　Lalos, Frédéric. Le Pain, 2003.

12　Bernard Clayton, Jr. The Breads of France, 2002.

13　Jeffrey Alford and Naomi Duguid. Home Baking, 2003.

14　Permalloo, Shelina. Sunshine on a Plate, 2013.

15　Brears, Peter. All The King's Cooks, 2011.

16　Visson, Lynn. The Art of UZBEK Cooking, 1999.

17　Kayser, Éric. Sweet And Savory Tarts, 2007.

18　Hollywood, Paul. Paul Hollywood's BREAD, 2013.

19　Hamelman, Jeffrey. BREAD A Baker's Book of Techniques and Recipes, 2004.

20　Kayser, Éric. Le Larousse Du Pain, 2013.

21　Granier, Henri. Apprendre à faire son pain au levain naturel. 2003.

22　Dr. Oetker. German Baking, 2003.

23　Reinhart, Peter. The Bread Baker's Apprentice, 2001.

24　黎力強著，《懷舊老餅店》，海濱圖書公司出版，2006。

25　秦一民著，《紅樓夢飲食譜》，大地出版，1990。

26　里歐奈・普瓦蘭・艾波蘿妮亞・普瓦蘭著，《普瓦蘭麵包之書》，時報出版，2011。

27　法國藍帶著，《法國麵包基礎篇》，大境出版，2001。

28　法國 Lionel Poilâne 著，《柏朗法國私房塔丁食譜》，信鴿法國書店出版，2002。

29　瑞士 Grégoire Michaud 著，《麵包教室》，橘子出版，2008。

30　Harold McGee 著，《食物與廚藝：麵食・醬料・甜點・飲料》，大家出版，2010。

31　法國 Éric Kayser 著，《天然麵包百分百》，和平國際出版，2012。

32　法國 Dom Compare 著，《法式家傳童年甜點》，積木文化出版，2011。

33　日本柳瀨久美子著，《香濃 X 清爽＝天然手作冰淇淋》，睿其書房出版，2012。

34　法國 Dom Compare 著，《世界甜點大賞》，積木文化出版，2011。

35　張軍倉編，《清真小吃》，中國輕工業出版社，2001。

36　清・袁枚著，《隨園食單》，三泰出版社，2005。

37　法國 Pierre Laszlo 著，《鹽：生命的食糧》，百花文藝出版社，2004。

38　清・顧仲著，《養小錄》，三泰出版社，2005。

39　法國布里亞・薩瓦蘭著，敦一夫、付麗娜譯，《廚房裡的哲學家》，百花文藝出版社，2005。

40　元・忽思慧著，《飲膳正要》，台灣商務印書館，1935。

41　元・賈銘著，《飲食須知》，三泰出版社，2005。

42　Anthony H. Rose 著，郭俊欽譯，《醱酵食品》，徐氏文教基金會出版，2000。

B 天然無添加食材購買資訊

法式烘焙食材：
法國傳統小麥粉 T55、T65 未漂白麵粉、法國沙巴東蜜漬橘皮、法國邦提耶去殼熟栗子、法國白乳酪、法國 ISIGNY A.O.P. 頂級無鹽發酵奶油、法國 ISIGNY 動物 UHT 鮮奶油、法國米歇爾·柯茲頂級巧克力珠……
供應商：元寶實業股份有限公司
地址：台北市瑞湖街 182 號
電話：02-27923837
網址：珍饈坊網路商店
　　　http://www.deli-shop.com.tw/

麵粉：
未漂白高筋麵粉、中筋麵粉和低筋麵粉
供應商：泰和製粉廠股份有限公司
地址：台中市大肚區紙廠路 60 號
電話：04-26996756 / 26996757
購買方式：打電話查詢，可網購宅配 1 公斤小包裝麵粉。

麵粉：
澳洲有機石磨全麥麵粉
供應商：統一有機
地址：桃園縣中壢市定寧路 15 號 1 樓
電話：03-4340372
網址：http://www.organicshops.cc/

乳製加工品：
法國總統牌無鹽奶油、法國總統牌 emmental 愛曼塔乾酪（刨絲）
供應商：聯馥食品股份有限公司
台北地址：台北市北投區立功街 77 號
台北電話：02-28982488
台中地址：台中市西屯區環中路二段 696-7 號
台中電話：04-24522288
網址：http://www.gourmetspartner.com/index/
購買方式：可至家樂福或烘焙材料行選購。

乳製加工品：酸奶油（sour cream）
購買方式：台北市微風超市或好市多可以選購。

鹽：紐西蘭有機天然海鹽
經銷商：天廚國際股份有限公司
消費者服務專線：0800-057-688
網址：www.royalchef.com.tw
購買方式：可至家樂福或全聯選購。

酵母：白玫瑰牌新鮮酵母
供應商：永誠工業股份有限公司
地址：台北市東豐街 23 號
電話：02-27091650
網址：www.yungcheng.com
購買方式：打電話到總公司，查詢離自己最近的經銷點，自備保冷袋買新鮮酵母。

雞蛋：和豐雞場無藥物殘留豐鮮蛋
供應商：和豐雞場
地址：南投縣名間鄉赤水村瓦厝巷 4-4 號
電話：049-2272729
購買方式：電話訂購，宅配到府。

酒類：台酒蘭姆酒
購買方式：請洽台灣菸酒公司各經銷點。

有機食材：有機甘蔗糖蜜（black treacle）、番薯粉
購買方式：里仁各分店
http://www.leezen.com.tw/big5/index.asp

水果：有機檸檬和萊姆
供應商：千秋農場
地址：南投市千秋里千秋路 217 巷 3 號
電話：0911971988
購買方式：電話訂購，宅配到府。

醋：杜康行有機糙米醋和有機水果醋
供應商：杜康行
地址：南投縣魚池鄉中明村有水巷 35-2 號
電話：049-2895479
網址：www.dukang.com.tw
購買方式：電話訂購，宅配到府。

catch 210

食之真味——
13 年自學烘焙追尋錄 × 50 款純天然無添加的手作食譜

作者	黃惠玲
攝影	黃惠玲
責任編輯	鍾宜君
封面設計	楊啟巽
內頁設計	徐碧霞
校對	呂佳真
法律顧問	全理法律事務所董安丹律師

出版者　大塊文化出版股份有限公司
台北市 105 南京東路四段 25 號 11 樓
www.locuspublishing.com
讀者服務專線：0800-006689
TEL：(02) 87123898　FAX：(02) 87123897
郵撥帳號：18955675
戶名：大塊文化出版股份有限公司
e-mail:locus@locuspublishing.com

總經銷　大和書報圖書股份有限公司
地址　　新北市新莊區五工五路 2 號
TEL　　(02) 89902588 (代表號)
FAX　　(02) 22901658
製版　　瑞豐實業股份有限公司

初版一刷　2014 年 10 月
初版二刷　2014 年 12 月
定價　　　新台幣 380 元

ISBN　978-986-213-544-0
Printed in Taiwan

國家圖書館出版品預行編目 (CIP) 資料
食之真味 / 黃惠玲著. -- 初版 . – 臺北
市：大塊文化, 2014.10　面；　公分 . --
(catch；210)
ISBN 978-986-213-544-0(平裝)

1. 點心食譜

427.16　　　　　　　　103015744